21世纪高等教育计算机规划教材

Office 2010
办公软件应用案例教程

Office 2010 Office Automation
Case Tutorial

■ 高华 孙连山 主编

■ 王洪大 赵越 陈静 副主编

U0332405

人民邮电出版社

北　京

图书在版编目（CIP）数据

Office 2010办公软件应用案例教程 / 高华, 孙连山
主编. -- 北京：人民邮电出版社，2014.7（2022.1重印）
21世纪高等教育计算机规划教材
ISBN 978-7-115-31426-0

Ⅰ. ①0… Ⅱ. ①高… ②孙… Ⅲ. ①办公自动化－应
用软件－高等学校－教材 Ⅳ. ①TP317.1

中国版本图书馆CIP数据核字(2013)第206815号

内 容 提 要

本书打破了传统的按部就班讲解知识的模式，以实际应用为出发点，通过大量来源于实际工作的精彩实例，全面涵盖了读者在使用 Word、Excel、PowerPoint 及 Outlook 进行日常办公过程中所遇到的问题及其解决方案。书中详细地介绍了使用 Office 2010 进行办公必须掌握的基础知识、使用方法和操作技巧。全书思路清晰，简单易懂。全书共分 10 章，分别介绍 Word 文档编辑、图形与图表对象，Word 表格与优化文档，Word 高级排版与文档加密，Excel 表格编辑、公式计算与保护，图表与数据透视表（图），排序、筛选与汇总数据，数据处理与分析，PowerPoint 编辑与设计幻灯片以及动画方案与放映，使用 Outlook 收发与管理电子邮件等内容。

本书在 Word、Excel 以及 PowerPoint 所涉及的章节最后都添加了相应的练习题，综合本章所讲述的内容，使读者温故知新，掌握得更牢固。

本书可作为高等院校本科和专科非计算机专业办公自动化课程以及各类办公自动化培训班的教材，同时对有经验的 Office 使用者也有很高的参考价值。

◆ 主　编　高　华　孙连山
　副主编　王洪大　赵　越　陈　静
　责任编辑　武恩玉
　责任印制　彭志环　焦志炜

◆ 人民邮电出版社出版发行　　北京市丰台区成寿寺路 11 号
　邮编　100164　电子邮件　315@ptpress.com.cn
　网址　http://www.ptpress.com.cn
　北京盛通印刷股份有限公司印刷

◆ 开本：787×1092　1/16
　印张：16.5　　　　　　　　2014 年 7 月第 1 版
　字数：457 千字　　　　　　2022 年 1 月北京第 16 次印刷

定价：36.00 元

读者服务热线：(010)81055256　印装质量热线：(010)81055316
反盗版热线：(010)81055315

前　言

　　目前，许多大中专学生都学习过 Office，也会使用 Office，对办公岗位的工作职责也有一定了解。但在实际工作中，使用起来却不那么得心应手，不能很好地适应工作岗位的要求。究其原因，就是在学习 Office 的时候，没有和实际工作相结合，或者结合的不够。为此，我们编写了这本 Office 办公软件应用案例教程。本书精心编排和介绍了 Word、Excel 和 PowerPoint 3 种最常用的办公软件，选取日常工作中最实用的例子和最常用的功能，简单易懂，易学易上手，帮助读者用最短的时间掌握 Office 办公软件的各种应用！

本书特色

案例丰富，实用至上

　　本书以最新的 Office 2010 版本进行讲解，不仅全面地介绍了 Word、Excel 和 PowerPoint 的基础知识，而且系统全面地介绍了它们在文档编排、数据处理与分析、幻灯片制作与放映等方面的典型内容，具有非常高的实用价值！书中的案例非常丰富，涉及日常工作中的方方面面，有了它，让您更加轻松和熟练地使用 Office 办公软件，从而工作起来更加得心应手！

凝练步骤，思路清晰

　　本书采用全新升级的排版格式，将多个步骤凝练到一起，并配上了清晰的大图和明确的操作标识，让您一看就懂！同时我们为每个案例添加了实例解析、清晰的创作思路和一目了然的流程图，简明扼要，为您理清思路，让您在学习的同时学会思考！

目标引导，重点提炼

　　本书在每个案例起始部分都添加了全新的实例目标，告诉您我们为什么要做这个例子，这个例子的作用是什么，这个例子对您的工作有什么帮助？同时我们为您标明了每个例子用到的知识点，您可以据此进行选择性的学习，目标明确，从而提高效率！

课后练兵，温故知新

　　本书是一本十分实用的 Office 教程。为了让读者在学习之余，将学过的知识掌握得更加牢固，我们在每个章节的最后都选取了其他的例子，并做成多个练习题，结合本章所讲的内容，可以独立地进行实操训练，从而更好地掌握所学内容，弥补不足，温故知新！

　　为方便教师教学，我们将为授课老师免费提供电子教案及教学素材，有需要者请登录人民邮电出版社教学服务与资源网（http://www.ptpedu.com.cn）免费下载。限于编者水平，书中难免有不足与疏漏之处，敬请读者批评指正。

编者

目 录

第1章
文档编辑、图形与图表对象

Word 2010 是一款强大的文字处理软件,主要用于输入文本和编排文档,在日常办公中经常使用。在编辑文本的过程中,用户需要对输入文字的字体、段落、边框以及底纹等进行格式设置。同时 Word 2010 还具有强大的图形绘制功能,利用这一功能可以制作出图文并茂的精美文档。

1.1 公司员工奖惩制度

📖 实例目标

设有事业部的公司和单位,事业部可以根据本单位的实际设定奖惩项目,并制定具体的实施方案,按规定上报备案,获得批准后即可实施,如图 1-1 所示。

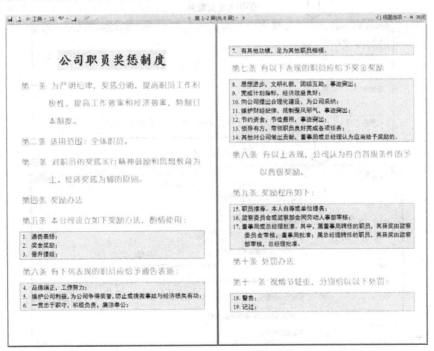

图 1-1 公司奖惩制度最终效果

🎵 实例解析

本例在制作之前,可以从以下几个方面进行分析和资料准备。

（1）**确定公司奖惩制度的内容**。销售利润提成表中应该包含制度说明、制度原则、适用范围、奖励办法等情况。

（2）**制作公司奖惩制度**。制作销售利润提成表，首先要输入制度内容，然后对文档进行编辑，最后采用合适的方式进行阅览。

（3）**编辑文档**。本例中的编辑文档主要包括设置字体格式、设置段落格式、添加项目符号、添加编号、添加边框和底纹。

操作过程

结合上述分析，本例的制作思路如图 1-2 所示，涉及的知识点有设置字体和段落格式、查找和替换、插入项目符号和编号、设置字体边框和底纹、快速刷格式、统计字数、文档视图和显示比例、拆分窗口和并排比较等。

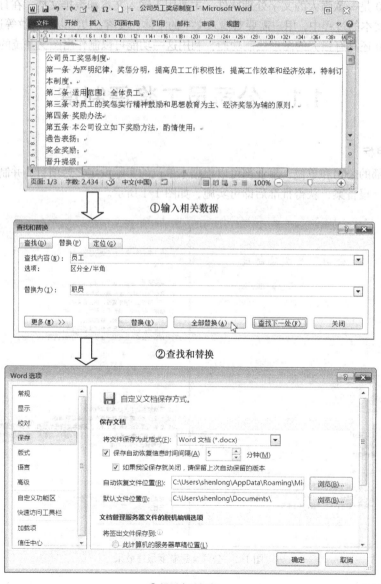

图 1-2　公司员工奖惩制度制作思路

④编辑文本　　　　　　　　　　⑤取消拼音和语法检查

⑦并排比较文档　　　　　　　　　⑥设置显示比例

图 1-2　公司员工奖惩制度制作思路（续）

下面将具体讲解本例的制作过程。

1.1.1　创建公司员工奖惩制度

本实例原始文件和最终效果所在位置如下。	
原始文件	素材\原始文件\01\公司员工奖惩制度.docx
最终效果	素材\最终效果\01\公司员工奖惩制度.docx

由于各个公司的员工奖惩制度不同，因而拟定的制度也必然不同。根据实际需要，员工奖惩制度分为标题和制度条则两部分。

1．输入公司员工奖惩制度内容

打开本实例的原始文件，在文档编辑区输入"公司员工奖惩制度"的相关内容，如图 1-3 所示。

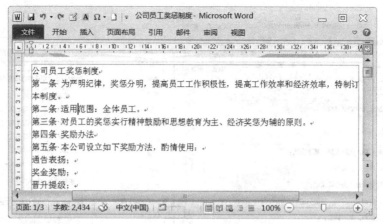

图 1-3　输入相关内容

2. 查找和替换

当用户在一篇较长的文档中查找或者修改某些信息时会比较烦琐，而使用查找和替换功能可以使这些操作变得更加简单快捷。

● 查找"奖励"文本

（1）切换到【开始】选项卡，单击【编辑】组中的 查找 按钮，随即弹出查找导航栏，如图 1-4 所示。

（2）在【搜索文档】文本框中输入"奖励"，此时文档中的所有"奖励"便以特殊的格式显示出来，如图 1-5 所示。

（3）查找完毕单击导航栏右上角的 × 按钮即可。

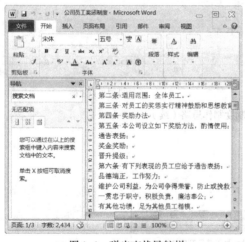

图 1-4　弹出查找导航栏

图 1-5　输入查找内容

● 将"员工"文本替换为"职工"

（1）切换到【开始】选项卡，单击【编辑】组中的 替换 按钮，随即弹出【查找和替换】对话框，切换到【替换】选项卡，在【查找内容】文本框中输入"员工"，在【替换为】文本框中输入"职员"，然后单击 全部替换(A) 按钮，如图 1-6 所示。

（2）此时弹出系统提示对话框，单击 确定 按钮，即可将文档中所有的"员工"替换为"职员"，如图 1-7 所示。

图 1-6　编辑【查找和替换】对话框　　　　　　图 1-7　系统提示对话框

3. 保存公司员工奖惩制度文档

文档制作完成了，用户需要将其保存在指定的位置，以便下次使用该文档。

（1）单击【常用】工具栏中的【保存】按钮 ，系统会自动将文档保存在原来的位置，如图 1-8 所示。

（2）如果选择【文件】➢【另存为】菜单项，则会弹出【另存为】对话框，在【保存位置】下拉列表中重新选择文件的保存路径，在【文件名】下拉列表文本框中输入文档名称，这里输入"公司职工奖惩制度.doc"，然后单击 按钮，系统就会将文档保存在用户重新指定的位置。

使用 Word 2010 编辑的文档，在 Word 2003 及以下的版本中无法打开。如果要在安装了 Word 2003 及以下版本的电脑中打开，将其另存为兼容模式即可。

操作方法：打开【另存为】对话框，在【保存类型】下拉列表中选择 Word 97-2003 模板 (*.dot) ，单击 保存(S) 按钮即可，如图 1-9 所示。

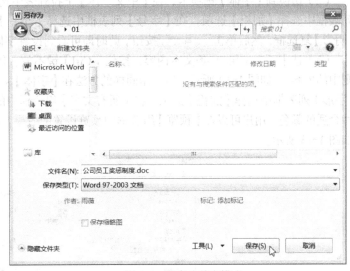

图 1-8　单击【保存】按钮　　　　　　图 1-9　另存为兼容模式

另外还可以设置自动保存时间间隔，以免因突然断电或其他原因导致文本丢失。

（1）切换到【开始】选项卡，单击 选项 菜单项，随即弹出【Word 选项】对话框。

（2）切换到 保存 选项卡，将【自动保存信息时间间隔】设置为"5"分钟，然后单击 确定 按钮，如图 1-10 所示。

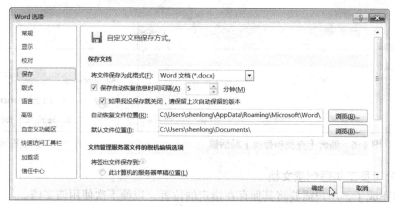

图 1-10　设置自动保存时间间隔

1.1.2　编辑公司员工奖惩制度

文档的基本内容创建完毕，接下来可以对其字体、段落等进行格式设置，使文档的内容更加美观清晰。

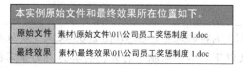

本实例原始文件和最终效果所在位置如下。	
原始文件	素材\原始文件\01\公司员工奖惩制度 1.doc
最终效果	素材\最终效果\01\公司员工奖惩制度 1.doc

1.　设置字体格式

（1）打开本实例的原始文件，选中"公司职工奖惩制度"文字，切换到【开始】选项卡，单击【字体】组右下角的【对话框启动器】按钮 ，随即弹出【字体】对话框，如图 1-11 所示。

（2）切换到【字体】选项卡，在【中文字体】下拉列表中选择【华文楷体】选项，在【字形】列表框中选择【加粗】选项，在【字号】列表框中选择【小一】选项，在【效果】组合框中选中【阴影】复选框，然后单击 确定 按钮。此时即可看到设置字体格式后的效果，如图 1-11 所示。

（3）选中正文中第 1 条文本内容，按住【Ctrl】键不放，依次选中其他几条文本（不包括条则中的内容），如图 1-12 所示，然后用同样的方法在【字体】对话框中将字体设置为【幼圆】，在【字形】列表框中选择【加粗】选项，在【所有文字】组合框中的【字体颜色】下拉列表中选择一种合适的颜色，用户可以在【预览】组合框中预览设置的效果，设置完毕后，单击 确定 按钮，如图 1-13 所示。

图 1-11　设置标题字体格式

图 1-12　选中不连续的文本

图 1-13　设置文本字体格式

（4）如图 1-14 所示，选中条则中的内容，单击【字体】组右下角的【对话框启动器】按钮，随即弹出【字体】对话框，在【中文字体】下拉列表中选择【黑体】选项，在【字形】列表框中选择【常规】选项，在【字号】列表框中选择【五号】选项，单击　确定　按钮（见图 1-15），此时即可看到设置的字体效果（见图 1-16）。

图 1-14　选中不连续的文本

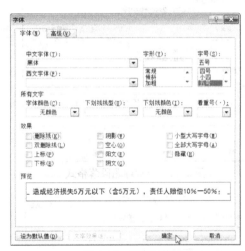

图 1-15　设置字体格式

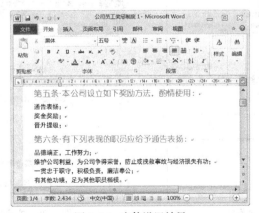

图 1-16　字体设置效果

2. 设置段落格式

正文字体格式设置完毕，接下来对文档的段落格式进行设置。例如，设置行距、段落间距和缩进方式等。

（1）将光标定位到标题"公司职工奖惩制度"中的任意位置，切换到【开始】选项卡，单击【段落】组中的【对话框启动器】按钮，随即弹出【段落】对话框，如图 1-17 所示。

（2）切换到【缩进和间距】选项卡，在【常规】组合框中的【对齐方式】下拉列表中选择【居中】选项，在【间距】组合框中的【段前】和【段后】微调框中均输入"0.5 行"，在【行距】下拉列表中选择【多倍行距】选项，在【设置值】微调框中输入"1.25"，用户在【预览】组合框中可以预览设置的效果，设置完毕后，单击 确定 按钮。此时即可看到设置段落格式后的效果，如图 1-18 所示。

（3）按照相同的方法对其他条则的段落格式进行相应的设置，如图 1-19 和图 1-20 所示。

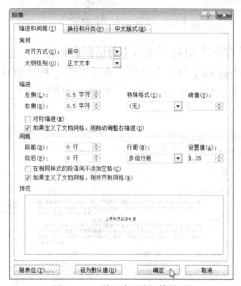

图 1-17 设置标题段落格式

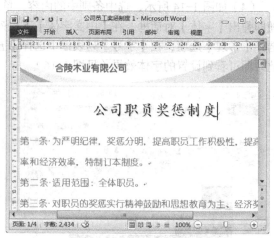

图 1-18 标题段落格式设置效果

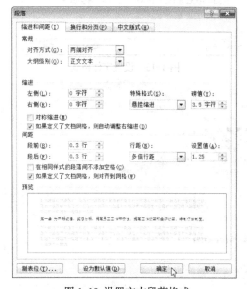

图 1-19 设置文本段落格式

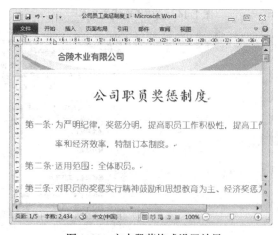

图 1-20 文本段落格式设置效果

3. 添加项目符号或编号

为了使文档看起来更具有条理性，可以对文档的部分内容添加项目符号或者编号。

● 添加项目符号

（1）选中需要设置项目符号的段落，切换到【开始】选项卡，单击【段落】组中的【项目符号按钮 ≔ 右侧的下拉按钮 ，在下拉列表中选择一种项目符号，如图 1-21 所示。

（2）如果在【项目符号和编号】对话框中没有满意的项目符号，用户可以自定义其他符号。选择【项目符号】下拉菜单中的【定义新项目符号】选项，随即弹出【定义新项目符号】对话框，如图 1-22 所示。

（3）单击 符号(S)... 按钮，随即弹出【符号】对话框，用户可在此符号库中选择一种合适的项目符号，然后单击 确定 按钮（见图 1-23），返回【定义新项目符号】对话框，单击 确定 按钮返回文档，即可完成设置，如图 1-24 所示。

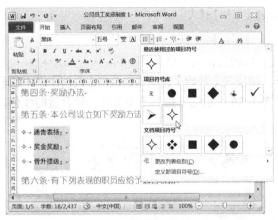

图 1-21　选择项目符号

图 1-22　定义新项目符号

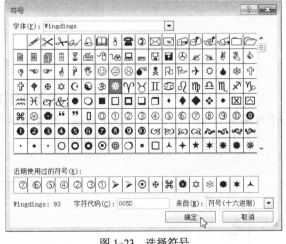

图 1-23　选择符号

图 1-24　预览并完成设置

● 添加编号

为了使文档看起来更加有序，可以为文档中的内容添加编号。

（1）选中需要添加编号的段落，切换到【开始】选项卡，单击【段落】组中的【编号】按钮 ≔ 右侧的下箭头按钮 ，在下拉菜单中选择一种合适的编号样式，如图 1-25 所示。

（2）如果没有找到所需要的编号，可以选择【编号】下拉菜单中的【定义新编号格式】选项，自行设置喜欢的编号样式。

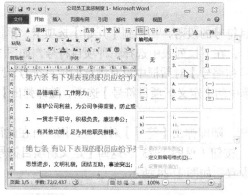

图 1-25　选择【编号】样式

4. 为所选文字或段落设置底纹和边框

用户可以为所选文字或段落设置底纹样式，以增加视觉效果。

（1）选中标题"公司职工奖惩制度"文字，切换到【开始】选项卡，单击【段落】组中的【底纹】按钮右侧的下箭头按钮，在弹出的如图 1-26 所示的下拉列表中选择一种合适的颜色，设置效果如图 1-27 所示。

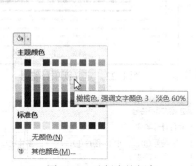

图 1-26　选择底纹颜色

图 1-27　底纹设置效果

（2）选中文本"第六条"条则下的内容，切换到【开始】选项卡，单击【段落】组中的【下框线】按钮右侧的下箭头按钮，在弹出的下拉菜单中选择【边框和底纹】选项，在【边框和底纹】对话框中按自己的喜好设置边框和底纹，如图 1-28 和图 1-29 所示，然后单击　确定　按钮返回文本，设置效果如图 1-30 所示。

图 1-28　设置边框

图 1-29　设置底纹

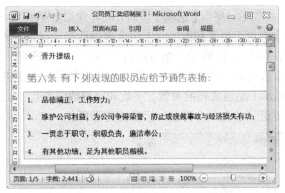

图1-30　边框和底纹设置效果

5．使用格式刷快速刷取格式

使用"格式刷"功能可以快速刷取某一位置的格式，具体的操作步骤如下。

（1）将光标定位到含有格式的段落中的任意位置，然后双击【常用】工具栏中的【格式刷】按钮，此时鼠标指针变为"🖌I"形状，将指针移动到不含有格式的位置，然后按住鼠标拖动，如图1-31所示。

（2）拖动到合适的位置，释放鼠标即可得到与刚才段落格式相同的效果，如图1-32所示。此时鼠标指针仍为"🖌I"形状，用户可以继续刷取格式，格式刷取完毕后，按下【Esc】键或用鼠标单击【格式刷】按钮，即可退出格式刷状态。

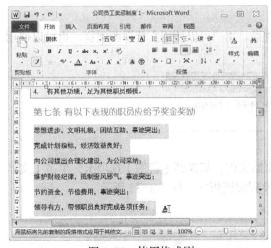

图1-31　使用格式刷

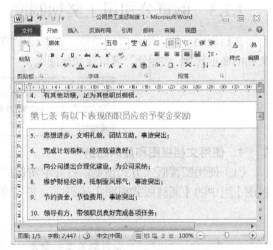

图1-32　使用格式刷效果

如需使用格式刷时，只需将光标定位好后，鼠标单击【格式刷】按钮即可。只刷一次文本后，自动退出格式刷状态；如双击，则可连续刷多个文本，然后手动退出格式刷状态。如不小心刷错了，单击【撤销】按钮即可。

6．拼写和语法检查，字数统计

使用拼写和语法检查功能可以及时地检查文档中存在的错误词句。默认情况下，用户输入文本时系统会自动进行拼写检查，其中红色波浪线表示可能存在拼写问题，绿色波浪线表示可能存在语法问题。用户可以通过设置消除文档中的波浪线。使用Word 2010中的字数统计功能，可以快速统计文档中的字数、段落数、行数以及字符数等，也可以统计选定的文本。

（1）切换到【文件】选项卡，单击【选项】按钮，随即弹出【Word 选项】对话框，切换到【校对】选项卡，【在 Word】中更正拼音和语法时】组合框中取消选择【键入时检查拼写】和【键入时标记语法错误】选项，如图 1-33 所示，然后单击 确定 按钮即可。

（2）切换到【审阅】选项卡，单击【校对】组中的【字数统计】按钮 字数统计，随即弹出【字数统计】对话框，其中显示了整篇文档的页数、字数和字符数等参数，如图 1-34 所示。若要统计选定的文本，首先选定要统计的文本，再进行字数统计即可。

图 1-33　取消拼音和语法检查　　　　　　　　　　图 1-34　字数统计

1.1.3　阅览公司员工奖惩制度

文档创建好后，用户可以预览、查看设置的效果。用户可以使用文档视图阅览，也可以使用文档的显示比例 "拆分" 窗口等功能阅览。

本实例原始文件和最终效果所在位置如下。
原始文件　光盘\素材\原始文件\01\公司员工奖惩制度 1.doc
最终效果　无

1．使用文档视图和显示比例

（1）使用阅读版式方式预览。打开本实例的原始文件，切换到【视图】选项卡，单击【文档视图】组中的【阅读版式视图】按钮 ，即可切换到阅读版式，如图 1-35 所示。

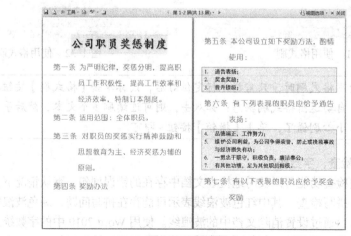

图 1-35　阅读版式

（2）设置显示比例。切换到【视图】选项卡，单击【显示比例】组中的【显示比例】按钮 🔍，随即弹出【显示比例】对话框，如图 1-36 所示。用户可根据自己的喜好调整到适合的【百分比】，然后单击 确定 按钮，如图 1-37 所示。

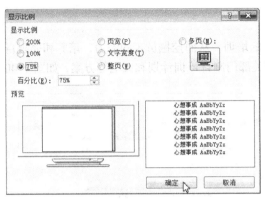

图 1-36　调整显示比例

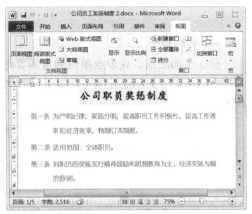

图 1-37　以 75% 的比例显示文档

　　　　按住【Ctrl】键，同时前后滚动鼠标中间的滚动轮，可方便快速地调节文档的显示比例，单击【显示比例】组中的【100%】按钮可立刻使文档缩放为正常大小。

2. 并排比较

当用户需要同时查看或者比较两个文档中的内容时，通常会进行重复的切换操作，这时可以使用 Word 2010 中的"并排比较"功能，快速方便地查看或者比较两个窗口中的内容。

（1）切换到【视图】选项卡，单击【并排查看】按钮 并排查看，随即弹出【并排比较】对话框。这里选择【公司员工奖惩制度 1.docx】选项，如图 1-38 所示。

（2）单击 确定 按钮，出现两个 Word 文档并排显示在屏幕上，用户可以拖动滚动条查看相关内容。查看完毕后，再次单击 并排查看 按钮，即可退出并排查看状态，如图 1-39 所示。

图 1-38　选择并排比较的文档

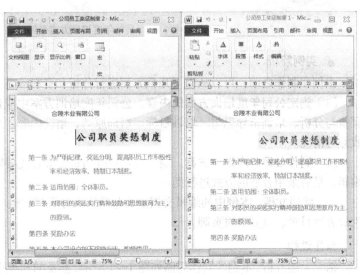

图 1-39　并排比较显示效果

1.2　公司年度培训方案设计

📖 实例目标

员工上岗之前，企事业单位通常需要进行一定的培训，从而挖掘员工的潜力，培养和完善自身能力，使员工的职业技能不断提升，为此需要相关部门制订培训计划和大纲等方案，如图 1-40 所示。

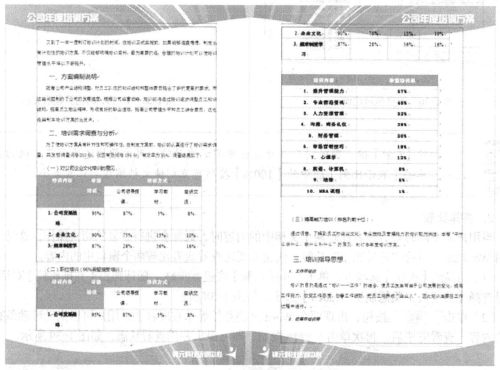

图 1-40　公司年度培训方案最终效果

♣ 实例解析

本例在制作之前，可以从以下几个方面进行分析和资料准备。

（1）**确定公司年度培训方案的内容**。公司年度培训方案中应该包含方案编制说明、培训需求调查与分析、培训指导思想、培训目标、培训原则、培训内容、培训管理、培训效果评估及培训收益等情况。

（2）**制作公司年度培训方案**。制作公司年度培训方案首先要输入方案内容，然后对文档进行编辑，最后采用合适的方式进行阅览。

（3）**编辑文档**。本例中的编辑文档主要包括插入分页符、插入图片和艺术字、设置段落格式、生成方案目录、设置页眉页脚。

操作过程

结合上述分析，本例的制作思路如图 1-41 所示，涉及的知识点有分页符、插入图片和艺术字、设置段落格式、设置大纲级别、生成方案目录、为奇偶页添加图片和页码等。

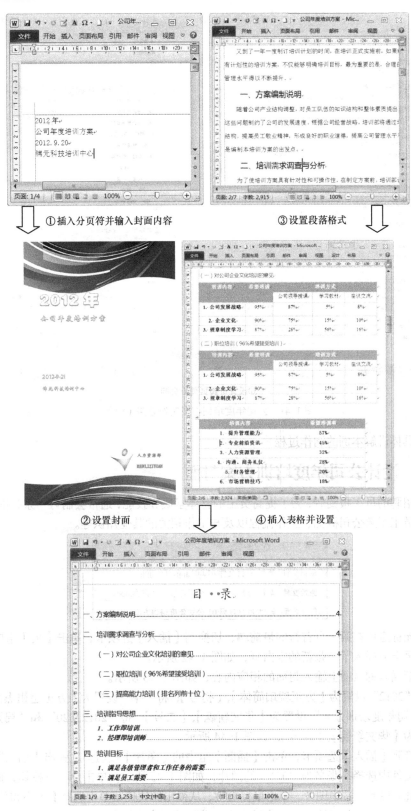

①插入分页符并输入封面内容　　　③设置段落格式

②设置封面　　　④插入表格并设置

⑤生成方案目录

图 1-41　公司年度培训方案制作思路

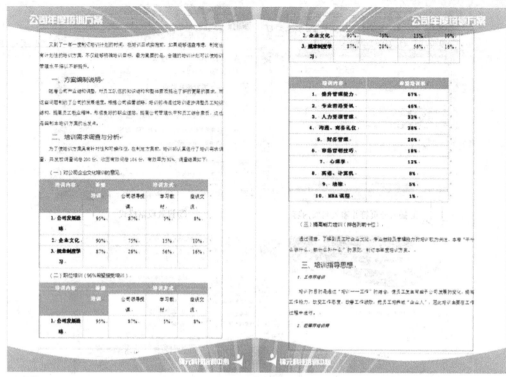

⑥设置奇偶页页眉页脚

图 1-41 公司年度培训方案制作思路（续）

下面将具体讲解本例的制作过程。

1.2.1 设计公司年度培训方案封面

公司新招聘的员工报到后，为了提高员工的整体素质和技能，通常会制订一系列的培训方案，目的是让新员工了解公司概况、工作流程以及与工作相关的其他知识等。

本实例素材文件、原始文件和最终效果所在位置	
素材文件	素材\素材文件\01\001.jpg、004.jpg
原始文件	素材\原始文件\01\公司年度培训方案.docx
最终效果	素材\最终效果\01\公司年度培训方案.docx

（1）将光标定位在第一页首行的最前端，切换到【插入】选项卡，单击【页】组中的 分页 按钮，便在此页上方插入了一张新的空白页，如图 1-42 所示。

（2）在新插入的页面上输入封面的相应内容，如图 1-43 所示。

（3）将"2012"设置为【方正琥珀简体】、【初号】；将"年"设置为【方正超粗黑简体】、【初号】；将"公司年度培训方案"设置为【华文新魏】、【二号】；将"2012.9.20"和"锦元科技培训中心"设置为【华文新魏】、【四号】，如图 1-44 所示。

（4）切换到【插入】选项卡，单击【插图】组中的【图片】按钮 ，弹出【插入图片】对话框。从素材文件中选择一张名为"001"的图片，如图 1-45 所示，单击 插入(S) 按钮，此时便在文本中插入了此张图片。选中图片，单击鼠标右键，从弹出的快捷菜单中选择【大小和位置】选项，弹出【布局】对话框，切换到【大小】选项卡，分别将"高度"和"宽度"设置为"29.7 厘米"和"21 厘米"，切换到【位置】选项卡，分别将"水平"和"垂直"设置为"居中"相对于"页面"，设置完毕后，单击【确定】按钮。

图 1-42　插入分页符

图 1-43　输入封面内容

图 1-44　设置文字格式

图 1-45　选择要插入的图片

（5）设置图片格式。选中图片，此时工具栏中出现【图片工具】栏，切换到下方的【格式】选项卡，单击【排列】组中的【自动换行】按钮，在下拉菜单中选择【衬于文字下方】，如图1-46 所示。此时文字便在图片上显示出来，如图 1-47 所示。

图 1-46　设置【自动换行】

图 1-47　图文设置效果

（6）用同样的方法插入一张名为"004"的图片。调整好图片的大小并适当旋转，将之拖至页面的右下角。旋转图片的方法如图1-48所示。将鼠标移动到图片上方的绿色圆点上，当鼠标变成图1-48（b）所示的形状时，按住鼠标左键并逐渐拉动，此时可看到图片随之旋转，调整到适当的角度后松开鼠标左键即可。

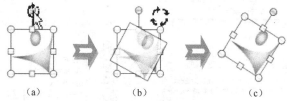

(a)　　　　　　　(b)　　　　　　　(c)

图1-48　旋转图片

（7）插入艺术字。切换到【插入】选项卡，单击【文本】组中的 艺术字 按钮。在下拉菜单中选择一种合适的样式。此时页面中插入了一个输入艺术字的文本框，如图1-49所示。

（8）在文本框中输入"人力资源部"，将其设置为【楷体】、【小四】（注：设置艺术字格式与设置文本文字一样，可通过【字体】组进行设置）。设置完后再插入一个相同样式的艺术字，并输入"RENLIZIYUAN"，将其设置成与上一个艺术字一样的字体格式，然后将两个艺术字拖至右下角适当的位置。

（9）设置文本效果。选中此页面中的文字，切换到【开始】选项卡，单击【字体】组中的【文本效果】按钮 A ，在下拉列表中选择一种合适的样式，如图1-51和图1-52所示。

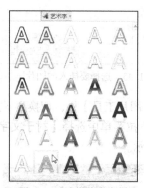

图1-49　选择艺术字样式

图1-50　艺术字效果

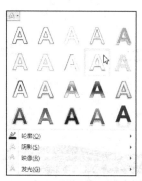

图1-51　选择文本效果

图1-52　最终设置效果

1.2.2 设计员工培训内容表格

公司年度培训内容根据参加培训人员的不同，可分为高级管理人员培训、中层管理人员培训、普通员工培训和新员工岗前培训等。本小节将介绍使用表格对不同级别的员工培训内容进行设置的方法。

本实例原始文件和最终效果所在位置如下。	
原始文件	素材\原始文件\01\公司年度培训方案 1.docx
最终效果	素材\最终效果\01\公司年度培训方案 1.docx

1. 插入表格

（1）切换到【插入】选项卡，单击【表格】组中的【表格】按钮，在下拉列表中选择【插入表格】选项，随即弹出【插入表格】对话框，如图 1-53 所示。

（2）在【表格尺寸】组合框中的【列数】和【行数】微调框中分别输入"5"和"6"。单击 确定 按钮，即可插入一个 6 行 5 列的表格，然后在表格中输入相关内容，如图 1-54 所示。

图 1-53 【插入表格】对话框

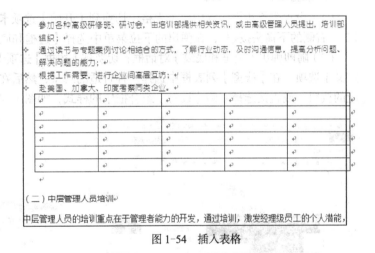

图 1-54 插入表格

2. 设置表格宽度和边框底纹

● 设置表格宽度

（1）将光标定位在表格中的任意一个单元格中，此时工具栏中出现【表格工具】栏，切换到其中的【布局】选项卡，单击【单元格大小】组中的 自动调整·按钮，在下拉列表中选择【根据内容自动调整表格】选项。

（2）设置固定列宽。单击表格左上角的"⊞"图标选中整个表格，单击【单元格大小】组右下角的【对话框启动器】按钮 ，随即弹出【表格属性】对话框，切换到【表格】选项卡，在【尺寸】组合框中选中【指定宽度】复选框，在其右侧的微调框中输入"16 厘米"，单击 确定 按钮，如图 1-55 所示。

（3）手动调整表格宽度。将光标移动到需要调整列宽的边框线上，当鼠标指针变为"⊪"形状时，按住鼠标拖动到合适的位置，然后释放即可。接下来按照相同的方法调整其他列的宽度，如图 1-56 所示。

图 1-55　设置指定宽度

图 1-56　手动调整表格宽度

设置表格边框和底纹

（1）设置表格边框。选中整个表格，切换到【开始】选项卡，单击【段落】组中的下框线按钮 右侧的下箭头按钮，在弹出的下拉菜单中选择【边框和底纹】，如图 1-57 所示。

（2）随即弹出【边框和底纹】对话框，切换到【边框】选项卡，在【设置】组合框中选择【自定义】选项，在【线型】列表框中选择一种合适的线条，然后在右侧的【预览】组合框中单击相应的按钮，或直接选择右侧【设置】组合框中的样式，如图 1-58 所示。

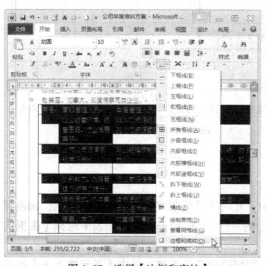

图 1-57　选择【边框和底纹】

图 1-58　设置表格边框

（3）设置完毕单击　确定　按钮，即可看到设置表格边框后的效果，如图 1-59 所示。

（4）设置表格的底纹。将鼠标放置在第 1 行单元格左侧的边框处，当指针变为"↗"形状时单击即可选中第 1 行单元格，然后用上述方式打开【边框和底纹】对话框，如图 1-60 所示。

（5）切换到【底纹】选项卡，单击【填充】文本框下拉按钮，选择一种合适的颜色，如对列表中的颜色不满意可选择【其他颜色】选项，自行设置想要的颜色，设置完成后，单击　确定　按钮即可，如图 1-61 所示。底纹设置效果，如图 1-62 所示。

序号	高级管理人员	中层管理人员	普通员工	新员工
1	企业经营环境、经营思路、行业发展等研	非人力资源经理的人力资源管理	企业文化培训	公司发展史（1天）
2	上市公司法律法规学习究	职业经理技能提升	现代企业员工职业化训练：时间管理、沟通技巧、商务礼仪、职业生涯规划	企业文化和经营理念（1天）
3	创新能力、战略管理及领导力提升	行业前沿信息	职位说明书、任职标准学习	公司战略规划和规章制度（2天）
4	读书活动、热点案例讨论	读书活动《预言中的经济学》	读书活动《与公司共命运》	拓展训练（2天）
5	考索、学习	对直接下属的辅导	自主学习	入职训练（1天）

图 1-59　边框设置效果

图 1-60　选择【边框和底纹】

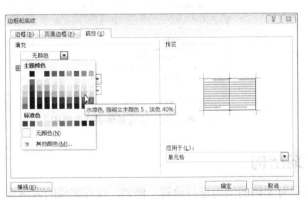

图 1-61　设置表格底纹

图 1-62　底纹设置效果

（6）设置单元格字体颜色，并使其居中对齐。选中表格，切换到【开始】选项卡，在【字体】组中设置文本的字体与颜色，然后单击【段落】组中的【居中】按钮≡即可，如图 1-63 所示。

（7）在表格的上方插入一空行，输入表格标题"企业各级员工培训内容"，将字体设置为【华文楷体】，字号设置为【小二】，字形设置为【加粗】，对齐方式设置为【居中】，效果如图 1-64 所示。按照同样的方法在文档中插入其他表格并设置其格式。

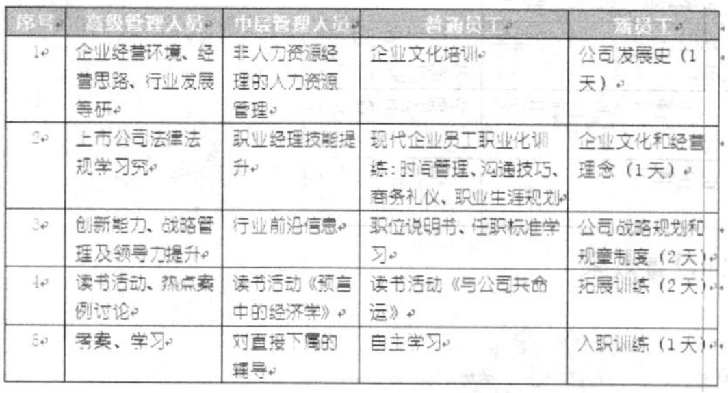

图 1-63　设置字体格式

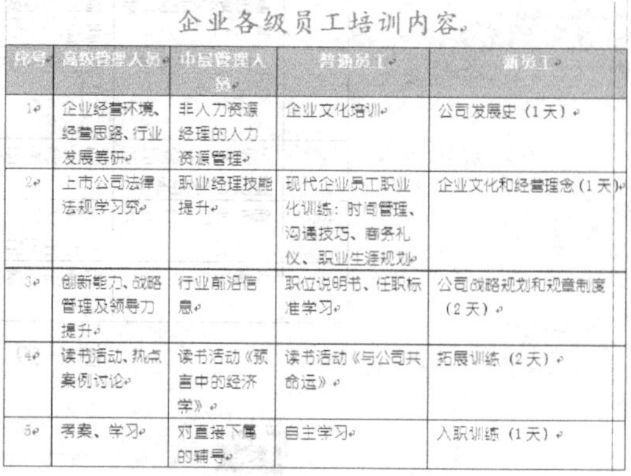

图 1-64　插入表格标题并设置

3. 设计表格外观样式

（1）在正文文本中选中需要设置外观样式的表格，此时工具栏中出现【表格工具】栏，切换到其中的【设计】选项卡，单击【表格样式】组的【其他】按钮，在下拉列表中选择一种合适的表样式，如图 1-65 所示。

（2）接下来按照同样的方法对其他表格的外观样式进行设置，如图 1-66 所示。

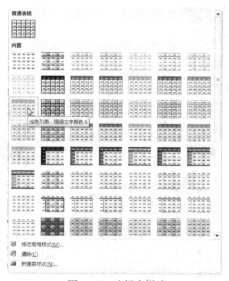

图 1-65　选择表样式

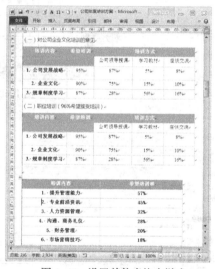

图 1-66　设置其他表格表样式

1.2.3　设置公司年度培训方案结构

文档的所有内容输入完毕后，接下来可以对文档的结构进行设置。例如，设置文档的大纲级别和生成目录等。为了方便查看和阅览公司年度培训方案，还可以使用文档结构图来查阅文档。

本实例原始文件和最终效果所在位置如下。	
原始文件	素材\原始文件\01\公司年度培训方案 2.docx
最终效果	素材\最终效果\01\公司年度培训方案 2.docx

1. 设置段落格式

（1）打开本实例的原始文件，选中正文中的前6段，切换到【开始】选项卡，单击【段落】组右下角的【对话框启动器】按钮，弹出【段落】对话框，如图1-67所示。

（2）切换到【缩进和间距】选项卡，在【缩进】组合框中的【特殊格式】下拉列表中选择【首行缩进】选项，在右侧的【磅值】微调框中选择【2字符】选项，然后在【间距】组合框中的【行距】下拉列表中选择【1.5 倍行距】选项。单击 确定 按钮，此时即可看到设置段落格式后的效果，如图1-68所示。接下来按照相同的方法将其他段落设置成相同的格式。

图1-67 设置段落格式

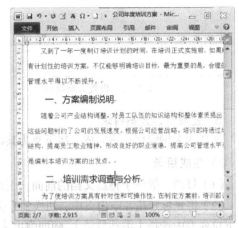

图1-68 段落格式设置效果

2. 设置大纲级别

为了使文档中的条目更加层次分明、结构清晰，用户可以设置大纲级别，即正文文本、1级、2级和3级等。具体的操作步骤如下。

（1）将光标定位到"一、方案编制说明"一行中，单击【段落】组中的【对话框启动器】按钮，弹出【段落】对话框。切换到【缩进和间距】选项卡，在【常规】组合框中的【大纲级别】下拉列表中选择【1级】选项，然后单击 确定 按钮，如图1-69所示。

（2）按照相同的方法将下面几条内容的大纲级别也设置为一级。若一级标题下面仍含有标题，则可将其设置为二级标题，依次类推。选中"（一）对公司企业文化培训的意见"文本，然后按住【Ctrl】键不放，选中其他需要设置二级标题的文本，再次打开【段落】对话框，在【大纲级别】下拉列表中选择【2级】选项，单击 确定 按钮返回文档，接下来按照相同的方法对其他标题设置相应的大纲级别。

（3）设置完大纲级别后，在页面视图中看不到设置的效果，为此可以切换到【大纲视图】方式中预览。切换到【视图】选项卡，单击【文档视图】组中的【大纲视图】按钮 大纲视图。

（4）此时即可看到文档以大纲视图的形式显示，如图1-70所示。如果想取消大纲视图，单击【文档视图组】中的【页面视图】按钮即可。

　　　　设置多个相同的大纲级别时，可以先将一个设好，然后使用之前介绍的格式刷功能，刷取其他需要设置此大纲级别的文本的格式。

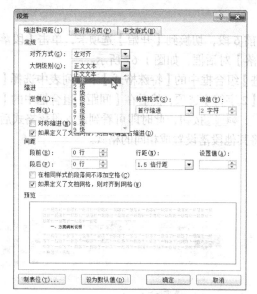

图 1-69 设置大纲级别

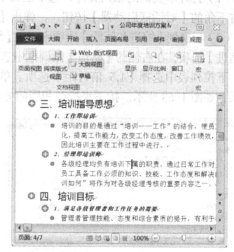

图 1-70 大纲视图

3. 生成培训方案目录

文档的大纲级别设置完成，接下来为其添加目录，为用户查阅文档提供方便。

● 生成目录

（1）目录一般位于整篇文档的前面，因此首先需要在文档的最前面插入一空白页。

（2）将光标定位在空白页中，切换到【引用】选项卡，单击【目录】组中的【目录】按钮，在下拉列表中选择【手动目录】，随即弹出【目录】对话框。

（3）切换到【目录】选项卡，在【常规】组合框中的【显示级别】微调框中输入数值"4"，即目录只显示到 4 级标题，其他选项保持默认设置，此时即可在【打印预览】和【Web 预览】列表框中预览目录的设置效果，如图 1-71 所示。

（4）单击 确定 按钮返回文档，即可生成目录。选中生成的目录，将其行间距的固定值设置为 18 磅即可，如图 1-72 所示。

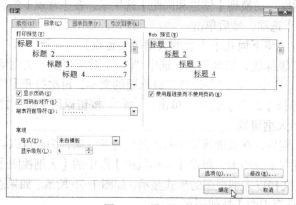

图 1-71 设置目录

（5）将光标移动到生成的目录上，系统会自动显示提示信息"按住【Ctrl】键并单击鼠标以跟踪链接"。此时按住【Ctrl】键不放，当鼠标指针变为"👆"形状时单击，即可快速切换到相应的文档内容中，即目录的超链接功能，如图 1-73 所示。

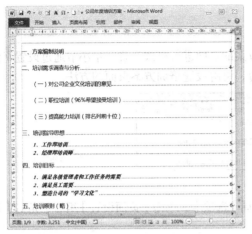

图 1-72　生成目录

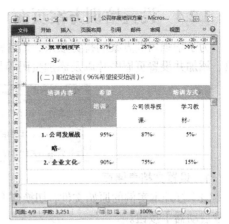

图 1-73　快速切换到文档内容

● **取消目录的超链接**

有时目录的超链接功能会影响文档的其他操作，为此用户可以取消目录的超链接功能。

（1）在目录的最前面单击鼠标（见图 1-74），此时目录的下方会出现灰色的底色，然后按下【Ctrl】+【Shift】+【F9】组合键，此时会发现所有的目录都被选中，目录下方的灰色底色已被清除，同时目录文本的字体颜色变为蓝色且下方出现了下划线，如图 1-75 所示。

（2）选中所有目录内容，将字体颜色设置为黑色，并取消下划线，如图 1-76 所示。将鼠标移动到目录上，就不会再出现提示信息，即取消了目录的超链接功能，如图 1-77 所示。

图 1-74　在目录的最前面单击鼠标

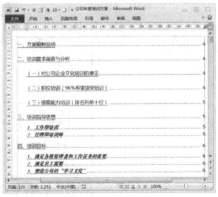

图 1-75　按组合键效果

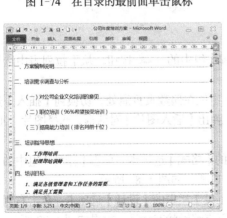

图 1-76　设置字体格式

图 1-77　输入目录标题

1.2.4 设置培训方案页面

为了增强培训方案的视觉效果，通常需要对方案的页面进行格式设置。本小节通过设置奇偶页、添加并设置页眉图片以及添加页码等相关内容，讲解设置培训方案页面的方法。

本实例素材文件、原始文件和最终效果所在位置如下	
素材文件	素材\素材文件\01\002.jpg、003.jpg
原始文件	素材\原始文件\01\公司年度培训方案 3.doc
最终效果	素材\最终效果\01\公司年度培训方案 3.doc

1. 设置文档奇偶页

（1）打开本实例的原始文件，切换到【页面布局】选项卡，单击【页面设置】组右下角的【对话框启动器】按钮。

（2）随即弹出【页面设置】对话框，切换到【版式】选项卡，在【页眉和页脚】组合框中选中【奇偶页不同】和【首页不同】两个复选框。单击 确定 按钮，返回文档即可，如图 1-78 所示。

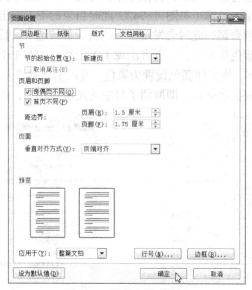

图 1-78　设置文档奇偶页

2. 为奇偶页添加图片和页码

● **为偶数页添加图片和页码**

（1）切换到【插入】选项卡，单击【页眉和页脚】组中的 页眉·按钮，从下拉列表中选择一种合适的样式。

（2）此时页眉和页脚区域处于编辑状态，将光标定位在偶数页页眉处，切换到【插入】选项卡，单击【插图】组中的【图片】按钮（见图 1-79），弹出【插入图片】对话框，选择图片"002"，将图片"002"插入页眉中，如图 1-80 所示。

（3）选中插入的图片，切换到【图片工具】栏中的【格式】选项卡，单击【排列】组中的【自动换行】按钮，在下拉列表中选择【衬于文字下方】选项，如图 1-81 所示。

（4）调整图片至合适的大小，切换到【页眉页脚工具】栏中的【设计】选项卡，单击右侧【关闭】组中的【关闭页眉页脚】按钮，即可退出页眉页脚编辑状态，设置效果如图 1-82 所示。

图 1-79　插入图片

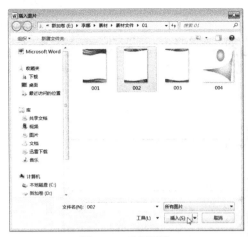

图 1-80　选择图片

图 1-81　设置图片格式

图 1-82　页眉设置效果

（5）切换到【插入】选项卡，单击【页眉和页脚】组中的 页脚·按钮，在下拉列表中选择一种合适的页脚样式（见图 1-83），单击 页码·按钮，在下拉列表中选择一种合适的页码样式，如图 1-84 所示。

（6）如果页码的字体大小不合适，可通过【开始】选项卡中的【字体】组进行设置。通过【段落】组可设置其对齐方式。

（7）偶数页页脚设置效果如图 1-85 所示。

想要对已设置好的页眉页脚进行更改，单击【页眉和页脚】组中的【页眉】或【页脚】按钮，在下拉菜单中选择【编辑页眉】或【编辑页脚】选项，即可切换到【页眉和页脚工具】选项卡，对其进行编辑。另外，鼠标左键双击页眉或页脚也可快速切换到【页眉和页脚工具】选项卡。

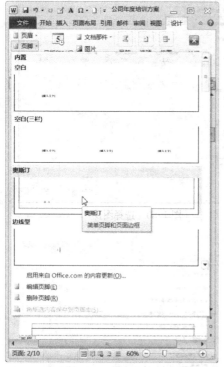

图 1-83　选择页脚样式　　　　　　　　　　　　　　　图 1-84　选择页码样式

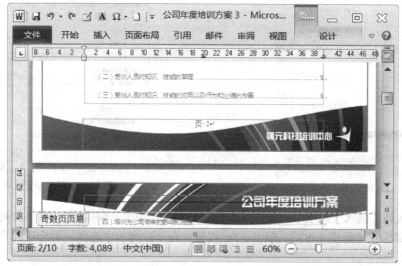

图 1-85　插入页脚效果

● 为奇数页添加图片和页码

（1）将光标定位到奇数页页眉处，按照为偶数页添加图片的方法插入图片"003.jpg"，并设置相同的格式，如图 1-86 所示。

（2）切换到页脚处，插入与偶数页页码格式相同的页码。设置完成后单击【页眉和页脚工具】栏中的【关闭页眉页脚】按钮，退出页眉和页脚的编辑状态。插入页眉和页脚的最终效果如图 1-87 所示。

图 1-86　奇数页页脚设置效果

图 1-87　页眉页脚最终设置效果

练 兵 场

一、打开【习题】文件夹中的 Word 文件："练习题/原始文件/01/【玉山塔塔加暨阿里山二天一夜游】"，并按以下要求进行设置。

1. 将首行标题文本"玉山塔塔加暨阿里山二天一夜游"字体设置为【二号】、【楷体】、居中对齐；其他正文文本设置为【小四】、【宋体】；将"旅游行程"设置为【幼圆】、【小二】、居中对齐。

2. 为文本"出游时间"、"出游地点"、"集合时间与地点"、"车辆分配"、"工作分配"、"饭店房间"、"注"等文本添加项目符号。

3. 将每个项目下的文本段落格式设置为【左缩进】、【2 字符】。

4. 为项目 "工作分配"和"注"下所包含的文本添加阿拉伯数字编号。

（最终效果见："练习题/最终效果/01/【玉山塔塔加暨阿里山二天一夜游】"）

二、打开【习题】文件夹中的 Word 文件："练习题/原始文件/01/【玉山塔塔加暨阿里山二天一夜游 1】"，并按以下要求进行设置。

1. 在"第一天行程 3/17(一)"，"第二天行程 3/18(二)"，"附件 1 阿里山新中横交通路线图"和"附件 2 阿里山游乐区"前插入分页符。

2. 为"游憩指南 1"中的编号 2"台线 21"下包含的文本添加茶色底纹，为行程中的时间点添加"外侧框线"。

3. 在"附件 1 阿里山新中横交通路线图"和"附件 2 阿里山游乐区"后分别插入素材图片"001"和"002"。

4. 将文档页眉页脚设置为"奇偶页不同"并添加页码。

（素材文件见："练习题/素材/01"）

（最终效果见："练习题/最终效果/01/【玉山塔塔加暨阿里山二天一夜游 1】"）

第2章
Word 表格与优化文档

使用 Word 2010 提供的表格功能不仅可以快速地创建表格,而且可以方便地修改表格的属性,同时还可以对表格中的数据进行排序和简单计算。为了使 Word 文档更加美观,用户还需要对 Word 文档进行美化设置。

2.1　在职培训费用申请表

📖 **实例目标**

由于工作的需要,员工可以申请培训费用由企业统一支付。培训结束,员工须按照公司的相关规定执行任务,并为公司服务直到规定期满为止。

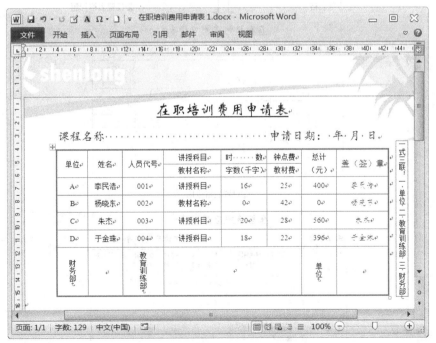

图 2-1　在职培训费用申请表最终效果

🎵 **实例解析**

本例在制作之前,可以从以下几个方面进行分析和资料准备。

（1）**确定在职培训费用申请表的内容。**在职培训费用申请表中应该包含课程名称、申请日期、单位、姓名、人员代号、讲授科目、教材名称、时数、字数、钟点费、教材费、总计、盖章、财务部、教育训练部、单位等情况，如图2-1所示。

（2）**制作在职培训费用申请表。**制作在职培训费用申请表首先要在 Word 文档中绘制表格，输入各项目及数据，然后对单元格进行设置，插入竖排文本框，利用公式计算相关数据。

操作过程

结合上述分析，本例的制作思路如图2-2所示，涉及的知识点有手动绘制表格、自定义表格边框、设置表格标题及说明、插入文本框、竖排显示表格中的文字、在表格中计算值等。

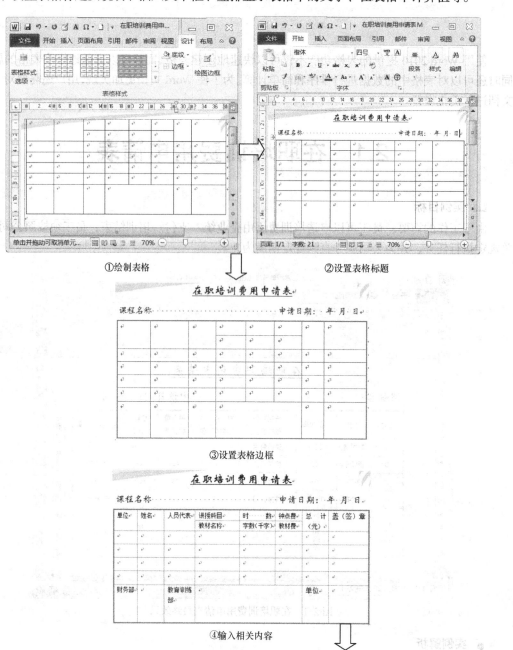

图 2-2　在职培训费用申请表制作思路

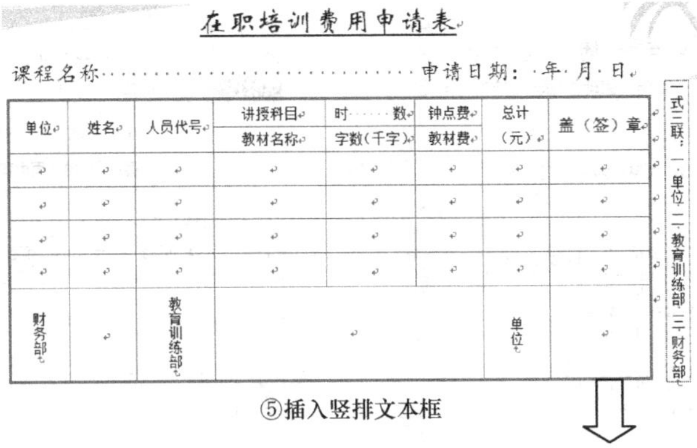

在职培训费用申请表

课程名称…………………………申请日期： 年 月 日

单位	姓名	人员代号	讲授科目 教材名称	时……数 字数（千字）	钟点费 教材费	总计 （元）	盖（签）章
财务部		教育训练部				单位	

一式三联：一.单位 二.教育训练部 三.财务部

⑤插入竖排文本框

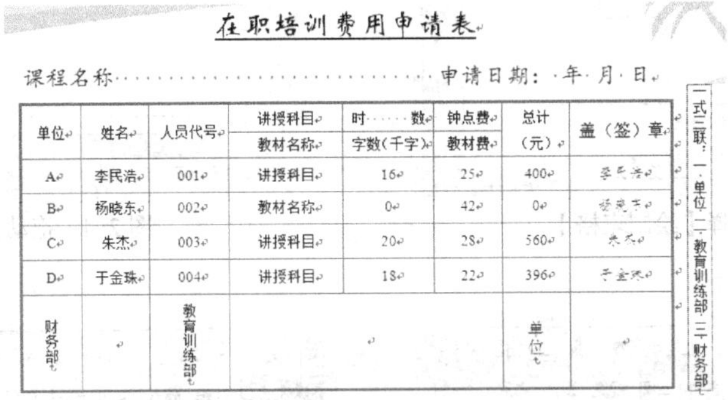

在职培训费用申请表

课程名称…………………………申请日期： 年 月 日

单位	姓名	人员代号	讲授科目 教材名称	时……数 字数（千字）	钟点费 教材费	总计 （元）	盖（签）章
A	李民浩	001	讲授科目	16	25	400	李民浩
B	杨晓东	002	教材名称	0	42	0	杨晓东
C	朱杰	003	讲授科目	20	28	560	朱杰
D	于金珠	004	讲授科目	18	22	396	于金珠
财务部		教育训练部				单位	

一式三联：一.单位 二.教育训练部 三.财务部

⑥输入相关数据并计算

图 2-2　在职培训费用申请表制作思路（续）

下面将具体讲解本例的制作过程。

2.1.1　销售利润提成表

在职培训费用申请表的内容包括单位、姓名、人员代号、讲授科目（教材名称）、时数、钟点费、总计以及盖（签）章等。

本实例原始文件和最终效果所在位置如下。	
原始文件	素材\原始文件\02\在职培训费用申请表.docx
最终效果	素材\最终效果\02\在职培训费用申请表.docx

1. 手动绘制表格

手动绘制表格就如同使用笔一样，可以随心所欲地在文档中的任意位置绘制出不同行高和列宽的复杂表格。使用手动绘制表格方式创建表格的具体步骤如下。

（1）打开本实例的原始文件，切换到【插入】选项卡，单击【表格】组中的【表格】按钮，在下拉列表中选择【绘制表格】选项，如图 2-3 所示。

（2）此时鼠标指针变为"✎"形状，将鼠标移至文档中需要插入表格的位置，按住鼠标向右下角拖动，此时鼠标指针变为"⊹✎"形状，如图 2-4 所示。

（3）拖动到合适的位置后释放，此时文档中就会出现表格的外围边框，如图 2-5 所示。

（4）绘制表格的行和列。将鼠标移动到需要添加行或列的位置，按住鼠标横向或者纵向拖动，释放后即可绘制出行或列，如图 2-6 所示。

图 2-3　选择【绘制表格】

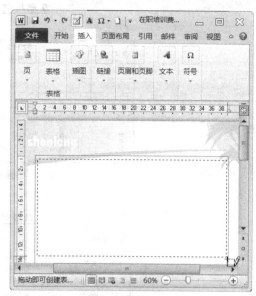

图 2-4　拖动鼠标绘制表格

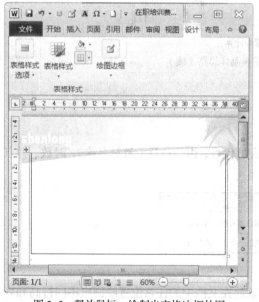

图 2-5　释放鼠标，绘制出表格边框外围

图 2-6　绘制行和列

（5）在绘制过程中如果发现某条线绘制的不合理，可以将鼠标定位在表格中任意位置，然后切换到【表格工具】栏中的【设计】选项卡，单击【绘图边框】组中的【擦除】按钮，此时鼠标指针变为"✐"形状，将鼠标移动到需要擦除的线段，单击即可擦除位于单元格中的线段。若要擦除整条线段，则可按住鼠标左键不放，从线段的一端拖动到另一端即可。此时鼠标指针仍为"✐"形状，按下【Esc】键即可取消擦除状态，如图 2-7 所示。

（6）按照前面介绍的方法绘制完成整个表格，如图 2-8 所示。

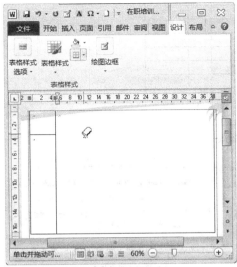

图 2-7　擦出线条

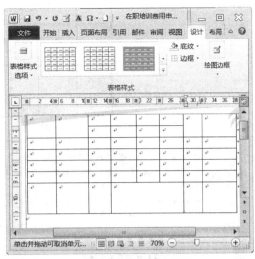

图 2-8　绘制整个表格

2. 设置表格标题

表格创建完成后，需要输入表格标题，具体的操作步骤如下。

（1）将光标定位在表格第 1 行的第 1 个单元格中，然后按下键盘中的↑箭头，按下【Enter】键，即可在表格的上方插入一空白行。将光标定位在该空白行中，输入"在职培训费用申请表"，将光标移动到文字的最左侧，当鼠标指针变为"⚟"形状时单击选中该行文本，如图 2-9 所示。

（2）在【字体】组中的【字体】下拉列表中选择一种合适的字体，这里选择【华文新魏】，在【字号】下拉列表中选择【小二】选项，如图 2-10 所示。

（3）单击【下划线】按钮 u 和【居中】按钮 ，表格标题设置完成，如图 2-11 所示。

（4）输入课程名称以及申请日期等字段。将光标定位在第 1 行的行尾，按下【Enter】键，另起一行并输入"课程名称"，然后多次按下空格键，再输入"申请日期：　年　月　日"（见图 2-12）。然后按照上面介绍的方法设置字体格式，如图 2-13 所示。

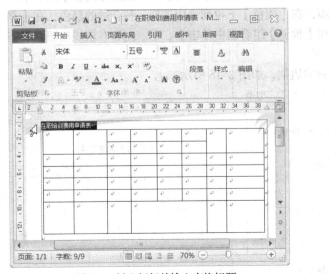

图 2-9　插入新行并输入表格标题

图 2-10　选择字体和字号

图 2-11　表格标题设置效果

图 2-12　输入申请日期字段

图 2-13　设置字体格式

3. 自定义表格边框

表格设置完成后，接下来可以对其边框进行设置，使表格更加清晰、美观。

（1）将光标定位在表格中的任意位置，切换到【表格工具】栏中的【设计】选项卡，单击【表格样式】组中边框·右侧的下箭头按钮，弹出【边框和底纹】对话框，切换到【边框】选项卡，在【设置】组合框中选择【自定义】选项，在【颜色】下拉列表中选择一种合适的颜色，在【宽度】下拉列表中选择【0.25 磅】选项，在【预览】组合框中单击上、下、左和右框线按钮设置需要添加的边框线条的位置，如图 2-14 所示。

（2）单击　确定　按钮即可应用设置的边框，如图 2-15 所示。

图 2-14　设置边框样式

图 2-15　边框设置效果

4. 设置表格内容

（1）将光标定位在第 1 行的第 1 个单元格中，按照图 2-16 所示输入相关内容。

（2）将光标定位在表格中的任意位置，当表格左上方出现 "⊞" 图标时单击选中整个表格（见图 2-17），然后切换到【表格工具】栏中的【布局】选项卡，单击【对齐方式】组中的【水平居中】按钮。此时表格中的文字便会水平居中对齐，如图 2-18 所示。

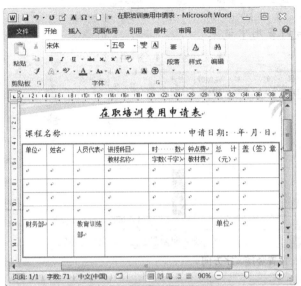

图 2-16 在表格中输入相关内容

图 2-17 选中表格内容

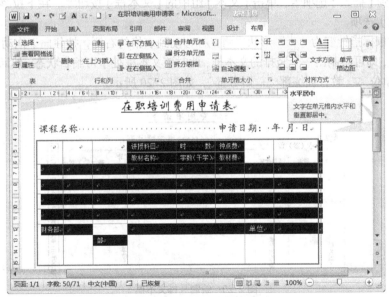

图 2-18 设置文字水平居中

5. 竖排显示表格中的文字

（1）选中表格最后一行的第 1 个单元格中的 "财务部" 文字，然后按住【Ctrl】键，连续选中后面的 "教育训练部" 和 "单位"，然后单击【对齐方向】组中的【文字方向】按钮 ⇔。

（2）此时即可看到刚才选中的文字竖排显示。如要切换回横排，再次单击此按钮即可，如图 2-19 所示。

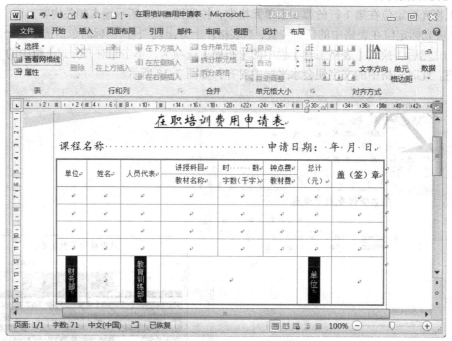

图 2-19　设置竖排文字方向

6. 插入说明信息

（1）切换到【插入】选项卡，单击【文本】组中的【文本框】按钮，在下拉菜单中选择【绘制竖排文本框】选项。

（2）此时鼠标指针变为"十"形状，将鼠标移动到表格的右侧，按住向下拖动，拖动到合适的位置后释放，即可绘制出一个竖排的文本框，此时该文本框处于可编辑状态，然后输入文字"一式三联：一 单位 二 教育训练部 三 财务部"，如图 2-20 所示。

图 2-20　绘制竖排文本框

（3）将鼠标移动到文本框边缘，当鼠标指针变成 形状时，单击鼠标右键，在弹出的快捷菜单中选择【设置形状格式】菜单项。

（4）随即弹出【设置形状格式】对话框（见图 2-21），切换到【填充】选项卡，选择【无填充】，然后切换到【线条颜色】选项卡，选择【无线条】，最后切换到【文本框】选项卡，调整内部边距到合适的大小，单击 关闭 按钮返回文档，即可看到设置效果，如图 2-22 所示。

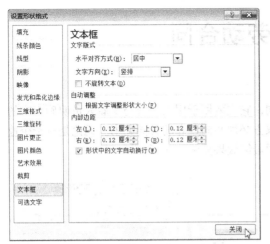

图 2-21 设置文本框形状格式

图 2-22 文本框设置效果

2.1.2 在表格中计算总计值

当表格中含有需要计算的项目时，可以使用 Word 中提供的"公式"功能来计算。本小节将介绍在表格中计算总计值的方法。

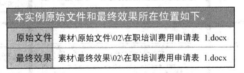

本实例原始文件和最终效果所在位置如下。	
原始文件	素材\原始文件\02\在职培训费用申请表 1.docx
最终效果	素材\最终效果\02\在职培训费用申请表 1.docx

具体的操作步骤如下。

（1）打开本实例的原始文件，在表格中填入相关内容，然后将光标定位在需要计算总计值的单元格中，切换到【表格工具】栏中的【布局】选项卡，单击【数据】组中的【公式】按钮 公式。

（2）随即弹出【公式】对话框（见图 2-23），在【公式】文本框中输入"=PRODUCT(LEFT)"，即将"讲授科目"的"时数"与"钟点费"相乘，单击 确定 按钮。此时即可得出乘积"400"，然后按照相同的方法计算其余"讲授科目"和"教材名称"的总计值，如图 2-24 所示。

图 2-23 在【公式】对话框中输入公式

图 2-24 计算结果

2.2 制作劳动合同

📖 实例目标

劳动合同是用人单位和劳动者之间签订的合同，它主要用于用人单位与受雇人员明确双方的权利和义务，实行责、权、利相结合的原则，是双方必须共同遵守的合同文书。无论是对于企业本身，还是求职者，劳动合同都很重要，劳动合同最终效果如图 2-25 所示。

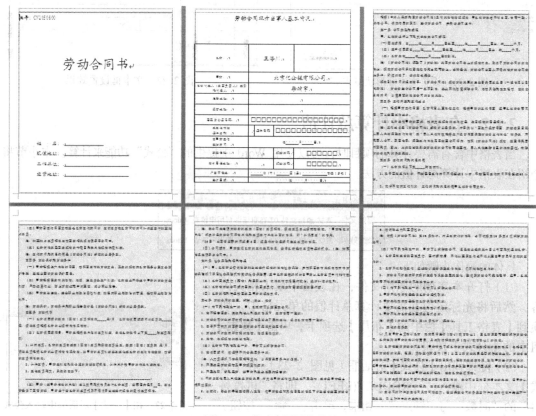

图 2-25 劳动合同最终效果

🎵 实例解析

本例在制作之前，可以从以下几个方面进行分析和资料准备。

（1）**确定劳动合同的内容**。劳动合同中应该包含合同封面、劳动合同双方当事人基本情况、合同内容等情况。

（2）**制作劳动合同**。制作劳动合同首先要设计合同封面，输入封面内容并对字体和段落格式进行设置，然后制作劳动合同双方当事人基本情况表，绘制表格，输入内容并调整表格的列宽行高，插入空白页并输入合同内容，最后对整个文档进行页面设置。

操作过程

结合上述分析，本例的制作思路如图 2-26 所示，涉及的知识点有插入表格、拆分单元格、手动调整表格列宽、插入特殊符号、设置文本底纹、设置纸张大小和页边距、打印文档等。

①输入封面内容并设置　　　　　　　　　②绘制直线

④输入表格内容并调整列宽　　　　　　　③绘制表格并拆分单元格

图 2-26　劳动合同制作思路

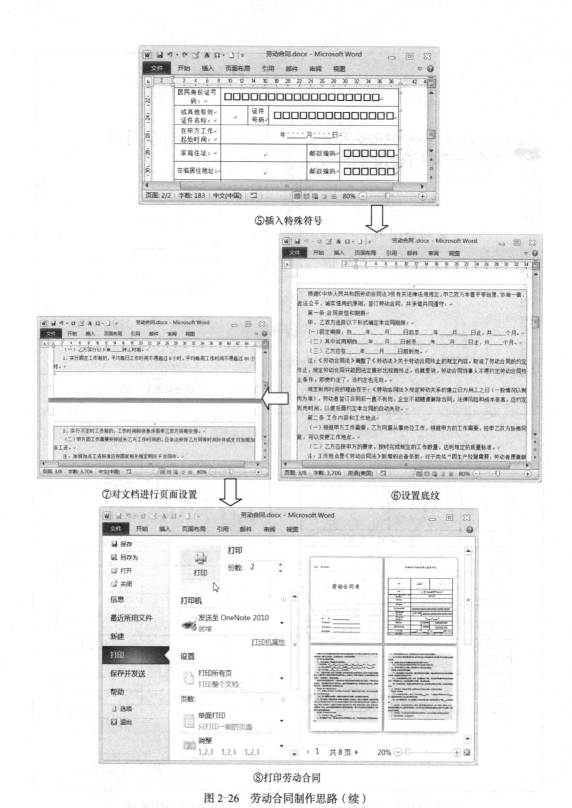

⑤插入特殊符号

⑦对文档进行页面设置

⑥设置底纹

⑧打印劳动合同

图 2-26 劳动合同制作思路（续）

下面将具体讲解本例的制作过程。

2.2.1　制作劳动合同首页

劳动合同的首页内容主要涉及合同编号、当事人姓名、现住址和单位地址等信息。本小节介绍如何通过 Word 制作一份劳动合同。

本实例原始文件和最终效果所在位置如下。	
原始文件	无
最终效果	素材\最终效果\02\劳动合同.docx

1.　创建劳动合同文档

启动 Word 2010 程序，创建一个新的空白文档，然后将其以"劳动合同"为名称保存在适当的位置。

2.　设计劳动合同首页内容

接下来设置劳动合同的首页内容，具体的操作步骤如下。

（1）在文档中输入"编号：CN2050800"、"劳动合同书"、"姓名："、"现住地址："、"工作单位："以及"经营地址："等内容，如图 2-27 所示。

（2）设置字体格式。将"编号：CN2050800"字体设置为【楷体 GB_2312】，字号设置为【小三】。将"劳动合同书"字体设置为【楷体 GB_2312】，字号设置为【初号】，然后将"姓名："、"现住地址："、"工作单位："以及"经营地址："的字体格式均设置为【楷体 GB_2312】、【三号】，如图 2-28 所示。

图 2-27　输入封面内容

图 2-28　设置字体格式

（3）设置段落格式。将第 1 行和第 2 行的段后间距分别设置为"6 行"和"12 行"。将第 2 行的对齐方式设置为"居中"。将第 3~6 行的段落缩进方式设置为"首行缩进"，磅值设置为"3.5 字符"，如图 2-29 所示。

（4）插入直线图形。切入到【插入】选项卡，单击【插图】组中的【形状】按钮，在下拉列表中选择【直线】（见图 2-30），此时鼠标指针变为"十"形状，将鼠标移动到"姓名："的右下侧，拖动到合适的位置后释放，即可绘制出一条直线，如图 2-31 所示。

（5）按照相同的方法，在"现住地址："、"工作单位："和"经营地址："等文字的右下侧分别绘制一条直线。

（6）设置直线对齐方式。按住【Ctrl】键，连续选中绘制的几条直线，切换到【图片工具】

栏中的【格式】选项卡，单击【排列】组中的【对齐】按钮 ，在下拉列表中选择【左对齐】，如图 2-32 所示。

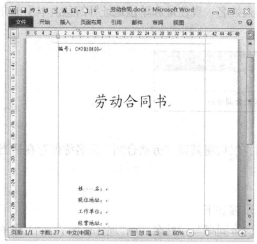

图 2-29 设置段落格式

图 2-30 插入图形

（7）设置线条颜色。选中绘制的直线，切换到【绘图工具】栏的【格式】选项卡，单击【形状样式】组中的【形状轮廓】按钮 右侧的下箭头按钮 ，在下拉菜单中选择【黑色】。

（8）封面设置效果如图 2-33 所示。

图 2-31 绘制一条直线

图 2-32 设置直线对齐方式

图 2-33　劳动合同书封面设置效果

2.2.2　设计劳动合同版心

本小节介绍如何设计劳动合同的版心，主要包括插入表格、创建样式、插入特殊符号以及插入文本框等内容。

本实例原始文件和最终效果所在位置如下。	
原始文件	素材\原始文件\02\劳动合同 1.docx
最终效果	素材\最终效果\02\劳动合同 1.docx

1. 插入表格及表格标题

（1）插入空白页。打开本实例的原始文件，将光标定位到文档的最末端，切换到【插入】选项卡，单击【页】组中的【分页】按钮，随即在光标插入点的后面自动插入了一张空白页，如图 2-34 所示。

（2）输入并设置表格标题。将光标定位到第 2 页中，输入"劳动合同双方当事人基本情况"，并设置字体为【楷体_GB2312】，字号设置为【小二】，居中对齐。

（3）插入表格。另起一行，切换到【插入】选项卡，单击【表格】组中的【表格】按钮，从弹出的下拉列表中选择【插入表格】选项，弹出【插入表格】对话框，在【表格尺寸】组合框中的【列数】和【行数】微调框中分别输入"2"和"12"，然后单击　确定　按钮，如图 2-35 所示。

（4）设置表格标题的段落格式。将段前和段后间距分别设置为【1 行】和【4 行】，将行距设置为【最小值】、【18 磅】，如图 2-36 所示。标题设置效果如图 2-37 所示。

图 2-34　插入空白页

图 2-35　设置表格尺寸

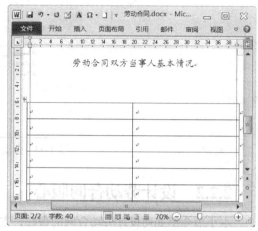

图 2-36　设置标题段落格式　　　　　　图 2-37　标题设置效果

2. 拆分表格并输入内容

（1）将光标定位在表格第 1 行的第 2 个单元格中，切换到【表格工具】栏中的【布局】选项卡，单击【合并】组中的 拆分单元格 按钮。随即弹出【拆分单元格】对话框，在【列数】和【行数】微调框中分别输入 "2" 和 "1"，如图 2-38 所示。

（2）单击 确定 按钮，即可将该单元格拆分为两列。按照相同的方法将第 7、9 和 10 行中的第 2 个单元格依次拆分为 1 行 3 列（见图 2-39）。在表格中输入相关内容，并设置字体格式，然后将表格的行高和列宽调整到合适的大小。创建的表格如图 2-40 所示。

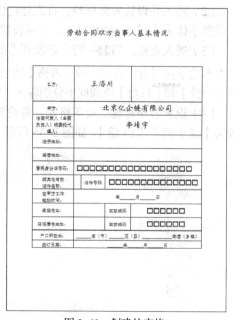

图 2-38　【拆分单元格】　　　图 2-39　拆分单元格效果　　　　图 2-40　创建的表格

3. 插入特殊符号

（1）将光标定位到第 6 行第 2 个单元格中，切换到【插入】选项卡，单击【符号】组中的 Ω符号▼按钮，在下拉菜单中选择【其他符号】，弹出【符号】对话框，切换到【符号】选项卡，在列表框中选择【□】选项，然后单击 插入(I) 按钮，如图 2-41 所示。

（2）随即在表格中插入了一个符号"□"，然后使用复制粘贴功能，复制出 17 个"□"符号（见图 2-42）。然后在第 7、9 和 10 行的第 4 个单元格中分别输入相应个数的"□"符号，并设置字号大小，如图 2-43 所示。

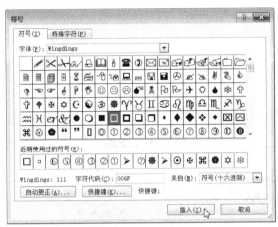

图 2-41　选择符号并插入

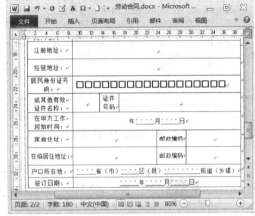

图 2-42　复制粘贴符号

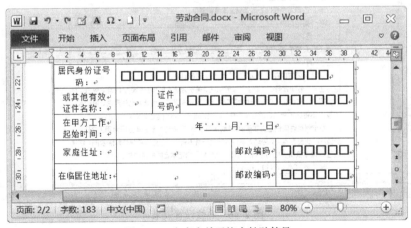

图 2-43　在多个单元格中粘贴符号

4. 为劳动合同内容添加底纹

（1）添加内容。将光标定位到文档的第 2 页末端，插入一张空白页，然后在空白页中输入劳动合同内容，并设置字体和段落格式，如图 2-44 所示。

（2）添加底纹。选中刚才输入的劳动合同内容，切换到【开始】选项卡，单击【段落】组中的【下框线】按钮 ▦▼ 右侧的下箭头按钮▼，在下拉菜单中选择【边框和底纹】选项。弹出【边框和底纹】对话框，切换到【底纹】选项卡，在【填充】组合框中的颜色面板中选择【白色，背景 1，深色 15%】选项，然后单击 确定 按钮，如图 2-45 所示。底纹设置效果如图 2-46 所示。

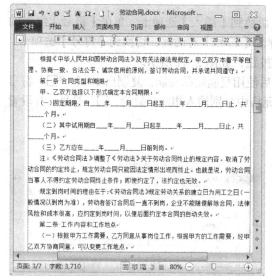

图 2-44　输入合同内容

图 2-45　设置底纹

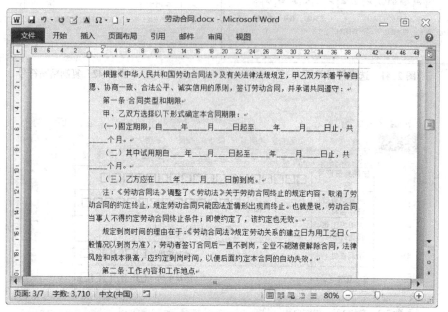

图 2-46　底纹设置效果

2.2.3　打印劳动合同

劳动合同的各项内容编辑完成，接下来可以将其打印出来，便于今后具体实施。
在打印之前，可以对文档的页面进行设置。例如，设置纸张大小和页边距等。

本实例原始文件和最终效果所在位置如下。	
原始文件	素材\原始文件\02\劳动合同 2.docx
最终效果	素材\最终效果\02\劳动合同 2.docx

1．设置纸张大小

（1）切换到【页面布局】选项卡，单击【页面设置】组右下角的【对话框启动器】按钮，弹出【页面设置】对话框，如图 2-47 所示。

（2）切换到【纸张】选项卡，在【纸张大小】下拉列表中选择所需的纸张，这里选择【自定义大小】选项，然后在【宽度】和【高度】微调框中分别输入"19 厘米"和"22 厘米"，单击 确定 按钮。此时文档的页面大小发生了变化，如图 2-48 所示。

图 2-47　设置纸张大小

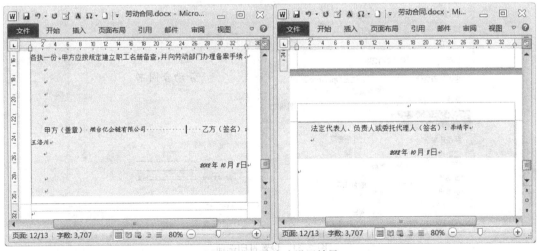

图 2-48　纸张大小设置效果

2．设置页边距

（1）按照前面介绍的方法打开【页面设置】对话框，切换到【页边距】选项卡，在【页边距】组合框中的【上】、【下】、【左】和【右】等微调框中均输入"1 厘米"，单击 确定 按钮，如图 2-49 所示。

（2）此时文档的页边距发生了变化，如图 2-50 所示。

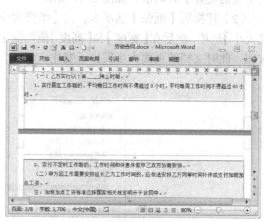

图 2-49 设置页边距   图 2-50 页边距设置效果

3. 打印文档

文档打印前的准备工作都已就绪，接下来就可以打印了。

（1）切换到【文件】选项卡，选择【打印】选项，在【打印份数】微调框中输入"2"，在【打印机】组合框中选择合适的打印机，在【设置】下拉列表中选择【打印所有页】选项，如图 2-51 所示。

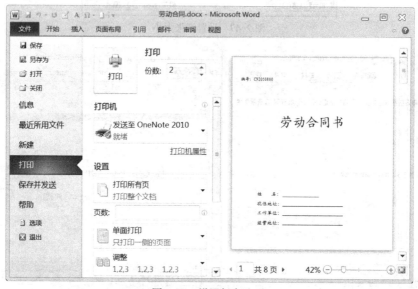

图 2-51 设置打印选项

（2）在右侧预览窗口中可看到打印页面的预览效果，可通过调节窗口右侧的垂直滚动条浏览各个页面，鼠标点击窗口下方的【放大】按钮＋和【缩小】按钮－来调节页面预览的显示比例，也可直接用鼠标拖动中间的滑块进行调节，如图 2-52 所示。

（3）设置完毕后，单击【打印】按钮即可开始打印，如图 2-53 所示。

图 2-52 调节打印预览页面大小

图 2-53　调节预览页面显示比例

练 兵 场

一、打开【习题】文件夹中的表格文件："练习题/原始文件/02/【火锅点菜单】"，并按以下要求进行设置。

1. 在首页文档中绘制一个 9 行 4 列的表格。

2. 将第 2 页中的信息填入表格中，将第一行和最后一行字体设置为【黑体】、【小二】；其他字体设置为【幼圆】、【小二】；将第一列 2 至 8 行中的文本单元格对齐方式设置为【中部两端对齐】；其他单元格对齐方式为【水平居中】。

3. 在表格上方插入两行空行，在第一行处输入"点菜单"，并将其字体格式设置为【楷体】、【一号】、【居中】。

4. 将行高微调为【1.6 厘米】，手动调整表格列宽至合适的大小。

（最终效果见："练习题/最终效果/02/【火锅点菜单】"）

二、打开【习题】文件夹中的表格文件"练习题/原始文件/02/【火锅点菜单 1】"，并按以下要求进行设置。

1. 在表格第 1 列每项肉品名称前插入特殊符号"□"。

2. 为表格套用表样式："中等深浅网格 3 - 强调文字颜色 3"，然后使整个表格居中对齐。

3. 在表格底部绘制一个横排文本框，并输入文本内容："即日起凡在本店消费肉类满 200 元即送 50 元代金券"，将文本框边框设置为【实线】、【2.25】磅，内部边距上下左右均微调至【0.02 厘米】。

4. 将页边距设置为【适中】。

（最终效果见："练习题/最终效果/02/【火锅点菜单 1】"）

第3章
Word 高级排版与文档加密

Word 2010 除了具有强大的文字处理功能外，还可以通过使用相关的工具对文档进行排版，轻松编排出不同版式且具有专业水准的文档。本章介绍使用 Word 2010 对文档进行排版与加密的方法。

3.1　制作员工签到卡

📖 实例目标

企业通常实行员工上班制度，员工到岗后应及时签到或者在考勤机上签注到岗时间。人事部门可以制定相关的员工签到卡，以便随时查看员工的签到情况。员工签到卡最终效果如图 3-1 所示。

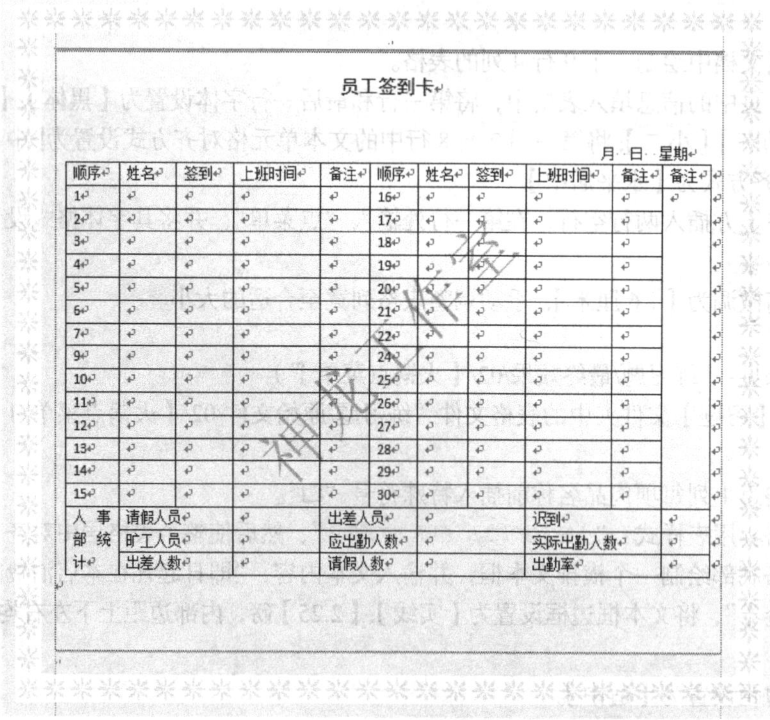

图 3-1　员工签到卡最终效果

实例解析

本例在制作之前，可以从以下几个方面进行分析和资料准备。

（1）确定员工签到卡的内容。员工签到卡中应该包含日期、顺序、姓名、签到、上班时间、备注等情况。

（2）制作员工签到卡。制作员工签到卡首先要在 Word 文档中绘制表格，输入各项目及数据，然后对单元格进行设置，插入竖排文本框，利用公式计算相关数据。

操作过程

结合上述分析，本例的制作思路如图 3-2 所示，涉及的知识点有在工作表中输入数据、设置单元格格式、利用公式进行计算、数据填充、合并计算、数据筛选、单变量求解等。

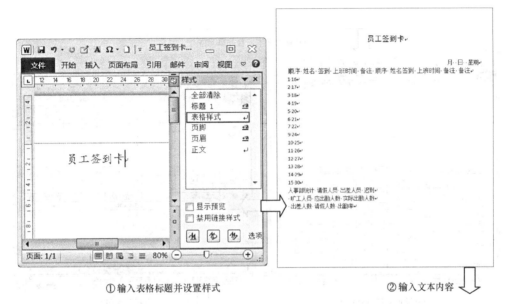

① 输入表格标题并设置样式 ② 输入文本内容

顺序	姓名	签到	上班时间	备注	顺序	姓名	签到	上班时间	备注	备注
1	16									
2	17									
3	18									
4	19									
5	20									
6	21									
7	22									
9	24									
10	25									
11	26									
13	28									
14	29									
15	30									
人事部统计	请假人员	出差人员	迟到							
	旷工人员	应出勤人数	实际出勤人数							
	出差人数	请假人数	出勤率							

③ 文本转化为表格

图 3-2 员工签到卡制作思路

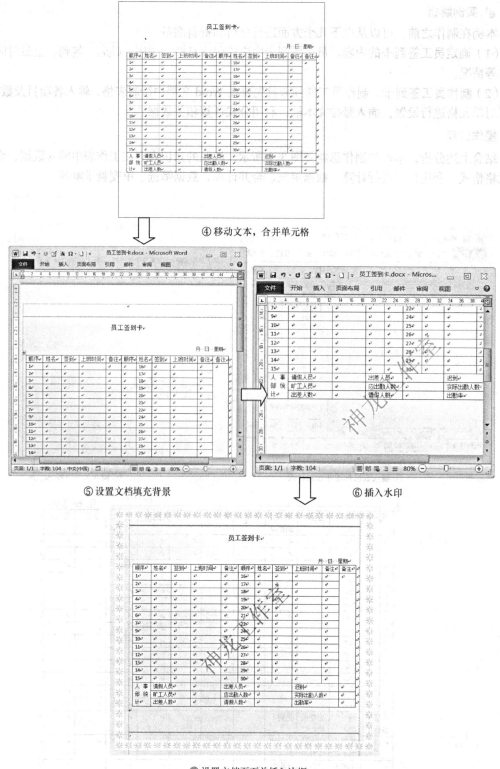

④ 移动文本，合并单元格

⑤ 设置文档填充背景　　　　　　⑥ 插入水印

⑦ 设置文档页面并插入边框

图 3-2　员工签到卡制作思路（续）

下面将具体讲解本例的制作过程。

3.1.1 创建员工签到卡

员工准时到岗可以体现出企业管理的规范性和制约性，员工只有按时上班并遵守企业的各项规章制度，才能使企业获得更大的发展。

本实例原始文件和最终效果所在位置如下。	
原始文件	无
最终效果	素材\最终效果\03\员工签到卡.docx

1. 使用样式和格式

用户可以使用系统提供的样式和格式功能快速地设置文档的标题和段落效果，具体的操作步骤如下。

（1）创建一个新的空白文档，将其以"员工签到卡"为名称保存在适当的位置，然后输入标题"员工签到卡"。切换到【开始】选项卡，单击【样式】组右下角的【对话框启动器】按钮，如图 3-3 所示。

（2）随即在窗口的右侧显示出【样式】任务窗格，在列表框中显示出当前文档的有效格式，如图 3-4 所示。

图 3-3 创建空白文档并输入标题

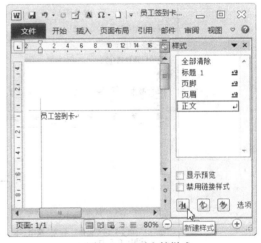

图 3-4 显示文档样式

（3）创建新样式。单击【样式】任务窗格中的【新建样式】按钮，弹出【根据格式设置创建新样式】对话框。在【属性】组合框中的【名称】文本框中输入新建样式的名称，在【格式】组合框中的【字体】下拉列表中选择一种合适的字体，这里选择【华文楷体】选项，在【字号】下拉列表中选择合适的字号，这里选择【小二】选项，然后单击下面的按钮和按钮，接着单击 格式(O) 按钮，在弹出的下拉列表中选择【段落】选项，如图 3-5 所示。

（4）设置新样式的段落格式。随即弹出【段落】对话框，切换到【缩进和间距】选项卡，在【间距】组合框中的【段前】和【段后】微调框中分别输入"0.5 行"和"1.5 行"（见图 3-6），单击 确定 按钮返回【根据格式设置创建新样式】对话框，即可预览设置的效果，然后单击 确定 按钮，如图 3-7 所示。

图 3-5 编辑【根据格式设置创建新样式】对话框

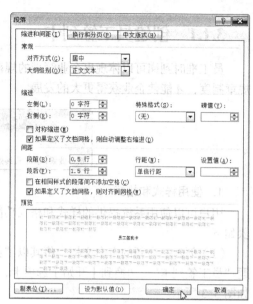

图 3-6 编辑【段落】对话框

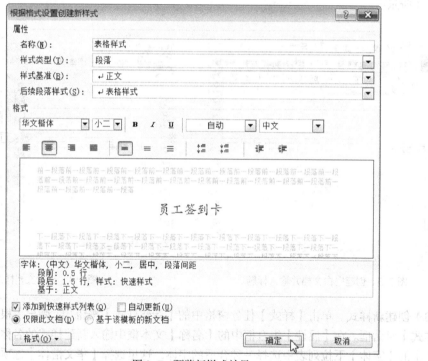

图 3-7 预览新样式效果

（5）返回文档，随即可以看到"员工签到卡"字样套用了【表格样式】样式。在【样式】任务窗格中显示出创建的"表格样式"，如图 3-8 所示。

（6）如果用户对创建的样式和格式不满意，可以对其进行修改。将鼠标移至【表格样式】上，单击其右侧的下箭头按钮▼，在弹出的下拉列表中选择【修改】选项，如图 3-9 所示。

（7）随即弹出【修改样式】对话框，从中将字体更改为【黑体】，字号更改为【四号】，如图 3-10 所示。

（8）单击 <u>确定</u> 按钮返回文档，此时【样式和格式】任务窗格中的【表格样式】选项已经发生了改变，同时"员工签到卡"文字的格式也随之发生改变，如图 3-11 所示。

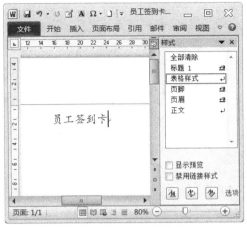

图 3-8　新样式套用效果

图 3-9　修改样式

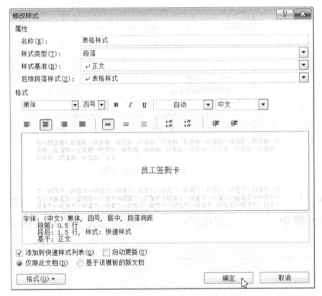

图 3-10　编辑【修改样式】对话框

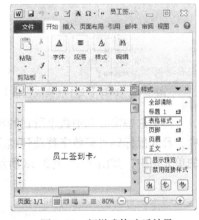

图 3-11　新样式修改后效果

2. 文本转换为表格

Word 提供了文字与表格之间的自动转换功能，它可以方便地将文字转换为表格，或将表格转换为文本。下面使用此功能将员工签到卡中的内容自动地转换为表格，具体的操作步骤如下。

（1）在文档中输入表格的各个列标题和文本内容，并设置字体格式，在输入的过程中每列标题中间按空格键隔开，如图 3-12 所示。

（2）选中需要转换为表格的文本，切换到【插入】选项卡单击【表格】组中的【表格】按钮，在下拉菜单中选择【文本转换成表格】选项，如图 3-13 所示。

（3）随即弹出【将文字转换成表格】对话框，在【表格尺寸】组合框中的【列数】微调框中输入"11"，在【文字分隔位置】组合框中选中【空格】单选钮，如图 3-14 所示。

（4）单击 <u>确定</u> 按钮返回文档，此时即可将选中的文本内容转换为一个 19 行 11 列的表格。

图 3-12　输入文本内容

图 3-13　选择【文本转换成表格】

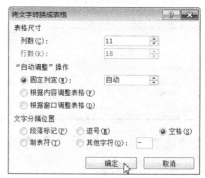

图 3-14　设置表格列数

（5）选中第 2 列中数字所在的单元格，然后按住鼠标将其拖动到第 6 列列标题下面的单元格中，释放鼠标即可将数字移动到相应的单元格中。接下来按照同样的方法将其他文字移动到相应的单元格中，如图 3-15 至 3-18 所示。

图 3-15　文本转换成表格效果

图 3-16　选中整列并移动文本内容

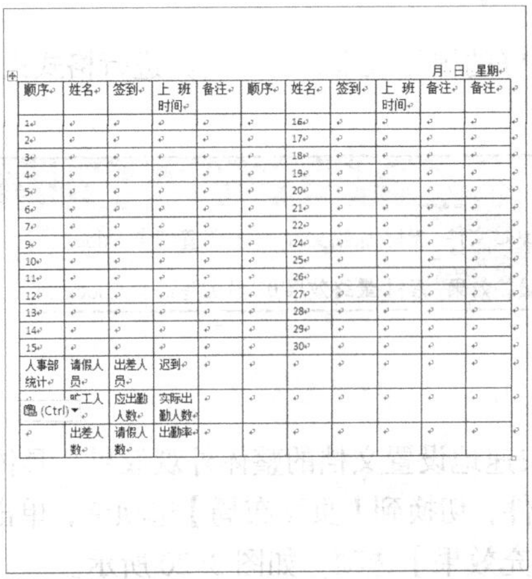

图 3-17　整列移动后效果

图 3-18　移动其他文本

（6）将表格中需要合并的单元格合并。选中要合并的单元格，切换到【表格工具】栏中的【布局】选项卡，单击【合并】组中的 合并单元格 按钮，然后将单元格对齐方式设置为【居中】，并调整表格的列宽，如图 3-19 所示。

图 3-19　合并单元格效果

3.1.2　美化员工签到卡

为了使员工签到卡具有更好的视觉效果，可以对其进行格式设置，包括设置主题、添加水印背景、添加页面边框等。

本实例原始文件和最终效果所在位置如下	
原始文件	素材\原始文件\03\员工签到卡 1.docx
最终效果	素材\最终效果\03\员工签到卡 1.docx

■ 操作步骤

1. 设置填充效果

Word 所提供的主题可以快速地设置文档的整体外观效果，具体的操作步骤如下。

（1）打开本实例的原始文件，切换到【页面布局】选项卡，单击【页面背景】组中的 页面颜色 按钮，在下拉菜单中选择【填充效果】选项，如图 3-20 所示。

（2）随即弹出【填充效果】对话框。在【颜色】组合框中选择【单色】单选钮，在【颜色 1】下拉列表中选择一种合适的颜色，在【底纹样式】组合框中选择一种填充方式，在【变形】组合框中选择一种合适的选项，即可在右下角的【示例】框中预览。设置完毕后单击 确定 键返回文档，即可看到设置的填充效果，如图 3-21 所示。

图 3-20　设置填充效果

图 3-21　文档填充效果

2. 添加水印背景

为文档添加文字水印效果可以对文档进行密级标识，添加水印背景的具体步骤如下。

（1）切换到【页面布局】选项卡，单击【页面背景】中的 水印 · 按钮，在下拉菜单中选择【自定义水印】选项，如图 3-22 所示。

（2）随即弹出【水印】对话框，选中【文字水印】单选钮，在【文字】下拉列表文本框中选择所需的字样，或者直接输入文字，这里输入"神龙工作室"，在【字体】下拉列表文本框中选择【宋体】选项，在【尺寸】下拉列表文本框中输入"48"，然后选中【斜式】单选钮，单击 确定 按钮，如图 3-23 所示。

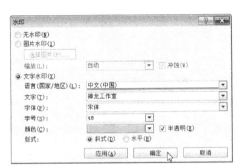

图 3-22　编辑【水印】对话框

图 3-23　添加水印效果

3. 添加页面边框

为"员工签到卡"添加页面边框可以增强视觉效果，具体的操作步骤如下。

（1）在设置页面边框之前，首先设置一下文档的纸张大小、页边距以及纸张方向。切换到【页面布局】选项卡，单击【页面设置】组右下角的【对话框启动器】按钮，弹出【页面设置】对话框，切换到【纸张】选项卡，在【纸张大小】下拉列表中选择【自定义大小】选项，在【宽度】和【高度】微调框中分别输入"21 厘米"和"19 厘米"，如图 3-24 所示。

（2）切换到【页边距】选项卡，在【页边距】组合框中的【上】、【下】、【左】和【右】等微调框中分别输入"2 厘米"、"2 厘米"、"1.9 厘米"和"1.9 厘米"，在【方向】组合框中选择【横向】选项。设置完毕后单击 确定 按钮，如图 3-25 所示。

图 3-24　设置纸张大小

图 3-25　设置页边距和纸张方向

（3）切换到【页面布局】选项卡，单击【页面背景】组中的 📄页面边框 按钮，弹出【边框和底纹】对话框，切换到【页面边框】选项卡，在【艺术型】下拉列表中选择一种合适的边框样式，在【颜色】下拉列表中选择一种合适的颜色，如图3-26所示。

（4）单击 确定 按钮返回文档，即可看到设置的页面边框效果，如图3-27所示。

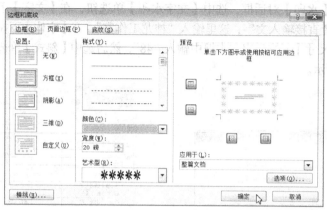

图3-26 设置页面边框

图3-27 页面边框设置效果

4. 打印带背景的文档

打印文档时，在默认状态下，文档的背景色和图像是打印不出来的，因此，需要相应的设置将其打印出来。

（1）在打印之前首先预览一下文档。切换到【文件】选项卡中的【打印】选项卡，显示出员工签到卡的打印预览效果，此时会发现文档的填充背景并没有显示出来，这说明打印不出背景，如图3-28所示。

（2）切换到【选项】选项卡，弹出【Word选项】对话框，切换到【显示】选项卡，选中【打印选项】组合框中的【打印背景色和图像】复选框，单击 确定 按钮，如图3-29所示。可以打印出背景的打印预览，如图3-30所示。

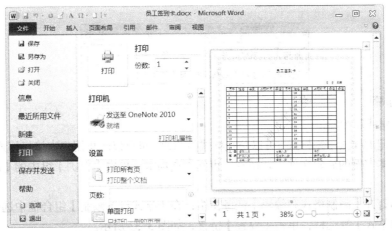

图 3-28　无法打印背景的打印预览

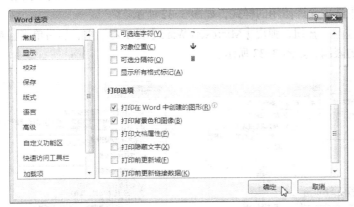

图 3-29　选择【打印背景和图像】

图 3-30　可以打印出背景的打印预览

3.1.3　保护员工签到卡

员工签到卡制作完成，为了防止他人随意修改或者删除其中的内容，可以对文档进行保护，还可以为文档设置密码。

本实例原始文件和最终效果所在位置如下。
原始文件	素材\原始文件\03\员工签到卡 2.docx
最终效果	素材\最终效果\03\员工签到卡 2.docx

■ 操作步骤

1. 限制格式和编辑

通过对选定的样式限制格式，可以防止样式被修改，也可以防止用户直接将格式应用于文档。

（1）打开本实例的原始文件，切换到【审阅】选项卡，单击【保护】组中的【限制编辑】按钮。

（2）随即打开【限制格式和编辑】任务窗格，在【格式设置限制】组合框中选中【限制对选定的样式设置格式】复选框，单击【设置】链接，如图 3-31 所示。

（3）随即弹出【格式设置限制】对话框，选中【限制对选定的样式设置格式】复选框，然后在下面的列表框中选中允许使用的样式，如图 3-32 所示。

（4）单击 确定 按钮，弹出【Microsoft Word】提示对话框，然后单击 是(Y) 按钮，即可完成对格式设置的限制，如图 3-33 所示。

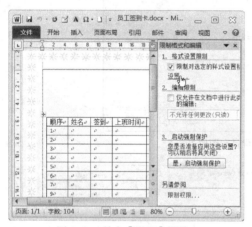

图 3-31 单击【设置】链接

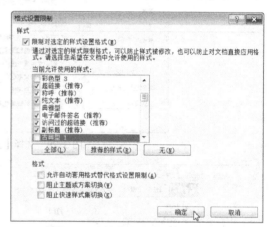

图 3-32 编辑【格式设置限制】对话框

图 3-33 【Microsoft Word】提示对话框

（5）返回文档中，在【限制格式和编辑】任务窗格中单击 是,启动强制保护 按钮，弹出【启动强制保护】对话框（见图 3-34），在【保护方法】组合框中选中【密码】单选钮，在【新密码】文本框中输入"123"，然后在【确认新密码】文本框中输入"123"，单击 确定 按钮返回文档，此时文档已处于被保护状态。

（6）停止保护文档。在【限制格式和编辑】任务窗格中单击 停止保护 按钮（见图 3-35），随即弹出【取消保护文档】对话框，在【密码】文本框中输入"123"，如图 3-36 所示。单击 确定 按钮，即可解除对文档的保护，如图 3-37 所示。

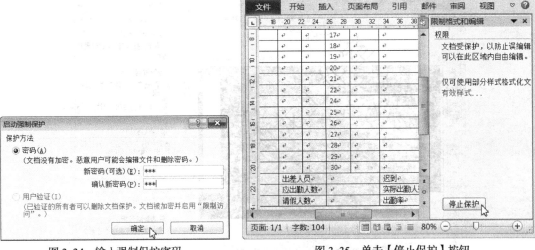

图 3-34　输入强制保护密码　　　　　图 3-35　单击【停止保护】按钮

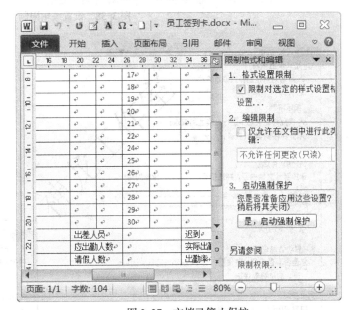

图 3-36　输入取消保护文档的密码　　　　图 3-37　文档已停止保护

2. 对局部内容进行限制

用户还可以对文档中的部分内容进行限制，具体的操作步骤如下。

（1）按照前面介绍的方法打开【限制格式和编辑】任务窗格，选定需要进行保护的文档内容，然后选中【限制格式和编辑】任务窗格中的【编辑限制】组合框中的【仅允许在文档中进行此类编辑】复选框，并在其下面的下拉列表中选择【不允许任何更改（只读）】选项，如图 3-38 所示。

（2）如果允许任何人对所选的文本内容进行编辑，则可选中【组】列表框中的【每个人】复选框，如图 3-39 所示。如果只允许具有编辑权限的用户对所选定的文本内容进行编辑，则可单击 🖼 更多用户…链接，弹出【添加用户】对话框，在【输入用户名称，使用分号分隔：】文本框中输入"nana;meiqing"，然后单击　确定　按钮即可，如图 3-40 所示。

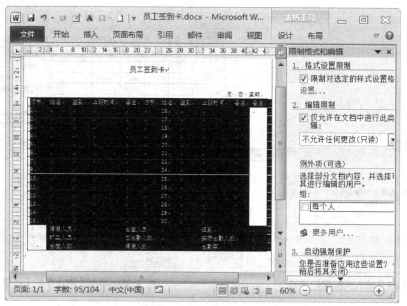

图 3-38　设置编辑限制

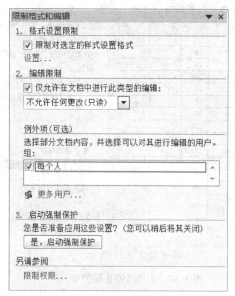

图 3-39　允许每个人进行编辑

图 3-40　设置具有编辑权限的用户名

3.　为文档加密

用户可以为重要的文档设置密码保护，防止他人随意查看或者更改。

🔵　**创建打开文件密码**

创建打开文件密码后，用户只有输入了正确的密码才能打开文件。

（1）单击【文件】按钮，切换到【信息】选项卡，单击【权限】组中的【保护文档】按钮，在下拉菜单中选择【用密码进行加密】选项，如图 3-41 所示。

（2）随即弹出【加密文档】对话框。输入密码"123456"后单击　确定　按钮，在弹出的【确认密码】对话框中再次输入此密码，单击　确定　按钮，如图 3-42 和图 3-43 所示。

（3）对已关闭的文档再次打开时，就会弹出【密码】对话框，要求输入正确的密码"123456"，输入无误单击 ‾确定‾ 按钮即可打开文档，如图 3-44 所示。

（4）如果用户想要取消打开文档时的密码，只需再次打开【加密文档】对话框，然后删除密码，单击【确定】按钮，然后保存即可。

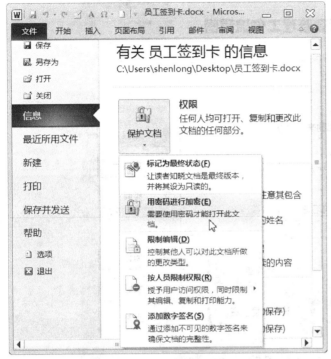

图 3-41　选择【用密码进行加密】

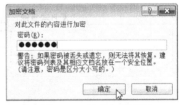

图 3-42　输入加密密码

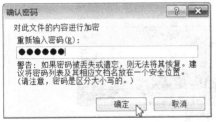

图 3-43　确认密码

图 3-44　打开文档时输入密码

3.2　考勤管理工作流程

📖 **实例目标**

考勤是企业管理的基础性工作，是对工资、奖金、劳保福利等待遇进行统计的重要依据。了解考勤管理的工作流程，也是人事部工作人员所必须具备的基本常识。本节将介绍使用 Word 制作考勤管理工作流程图的方法。考勤管理工作流程最终效果，如图 3-45 所示。

图 3-45 考勤管理工作流程最终效果

♪ **实例解析**

本例在制作之前，可以从以下几个方面进行分析和资料准备。

（1）**确定考勤管理工作流程的内容。**考勤管理工作流程中应该包含标题和流程图两大版块。流程图的具体内容有开始项和结束项、员工出勤表、填写统计表、出勤情况汇总、人力资源部存档、财务部、确定奖惩、计算月度工资以及各项请假类别等。

（2）**制作考勤管理工作流程。**制作考勤管理工作流程首先要输入流程图的标题并进行设置，然后绘制流程图，最后对整个流程图进行美化设置。

操作过程

结合上述分析，本例的制作思路如图 3-46 所示，涉及的知识点有设计流程图标题、绘制流程图、设置流程图样式等。

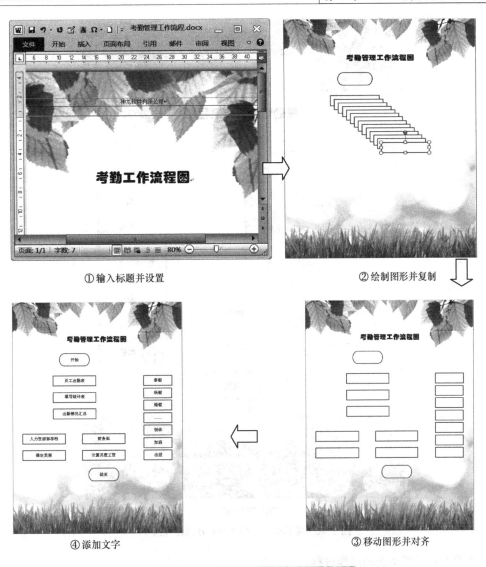

① 输入标题并设置

② 绘制图形并复制

④ 添加文字

③ 移动图形并对齐

⑤ 绘制箭头

图 3-46 考勤管理工作流程制作思路

⑥设置形状样式

图 3-46　考勤管理工作流程制作思路（续）

下面将具体讲解本例的制作过程。

3.2.1　设计流程图标题并绘制流程图

在绘制流程图之前，首先需要设置流程图的标题。绘制流程图需要使用自选图形功能来完成，本小节主要介绍设置流程图的标题以及绘制流程图的方法。

本实例原始文件和最终效果所在位置如下。	
原始文件	素材\原始文件\03\考勤管理工作流程.docx
最终效果	素材\最终效果\03\考勤管理工作流程.docx

1. 设计流程图标题

（1）打开本实例的原始文件，在文档中的合适位置输入标题"考勤管理工作流程图"，如图 3-47 所示。

（2）选中输入的文本，在【格式】工具栏中的【字体】下拉列表中选择【方正琥珀简体】选项，在【字号】下拉列表中选择【二号】选项，然后单击【居中】按钮，使标题居中显示，如图 3-48 所示。

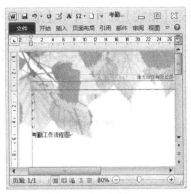

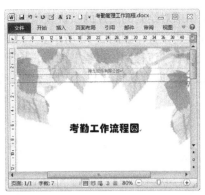

图 3-47　输入标题　　　　　　　　　　　　　　　图 3-48　设置标题格式

2. 绘制基本图形

（1）切换到【插入】选项卡，单击【插图】组中的【形状】按钮，在下拉列表中选择【流程图】组合框中的【流程图：终止】选项，如图 3-49 所示。

（2）此时鼠标指针变为"十"形状，将其移动到合适的位置，单击即可绘制一个"流程图：终止"图形，如图 3-50 所示。接着用同样的方法绘制一个"流程图：过程"图形，并将其移动到合适位置，如图 3-51 和图 3-52 所示。

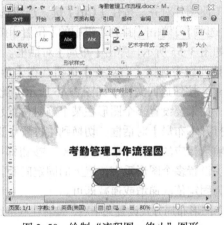

图 3-49　选择"流程图：终止"　　　　　　　　图 3-50　绘制"流程图：终止"图形

图 3-51　选择"流程图：过程"　　　　　　　　图 3-52　绘制"流程图：过程"

（3）如果对绘制的图片的默认颜色进行改变，可通过【格式】选项卡中的【形状样式】组对图片进行快速设置，如图 3-53 所示。

（4）选中"流程图：过程"图形，按下【Ctrl】+【C】组合键复制，再按下【Ctrl】+【V】组合键 13 次，即可复制出 13 个"流程图：过程"图形，如图 3-54 所示。

图 3-53　快速设置图片的形状样式　　　　　　图 3-54　连续复制多个图片

（5）调整这 14 个"流程图：过程"图形的位置，用户可以使用键盘上的【↑】、【↓】、【←】和【→】4 个方向键移动，也可用鼠标直接拖动。

（6）使图片对齐。按住【Ctrl】键，连续选中右侧的 7 个图形，切换到【图片工具】栏中的【格式】选项卡，单击【排列】组中的【位置】按钮，从弹出的下拉列表中选择【其他布局选项】选项，如图 3-55 所示，弹出【布局】对话框。切换到【位置】选项卡，在【水平】组中【对齐方式】下拉列表中选择【右对齐】选项，在【相对于】下拉列表中选择【页边距】选项，然后单击　确定　按钮返回文档，如图 3-56 所示。此时选中的 7 个图形已经相对于页边距右对齐了。

（7）如果要设置多个图形在某个绝对位置水平对齐，则先选中要对齐的图形，按照前面介绍的方法打开【布局】对话框，切换到【位置】选项卡中，在【水平】组合框中的【绝对位置】微调框中输入相应的数值，单击　确定　按钮即可，如图 3-57 所示。

（8）设置多个图形垂直位置上的固定间距，将每个图形【垂直】组合框中的【绝对位置】依次设置为固定值的递增或递减即可。

（9）图形布局方式设置完毕后，接着在底部绘制一个"流程图：终止"的图形，如图 3-58 所示。

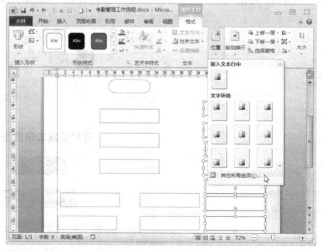

图 3-55　选择布局选项

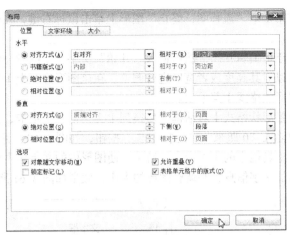

图 3-56　设置水平对齐方式

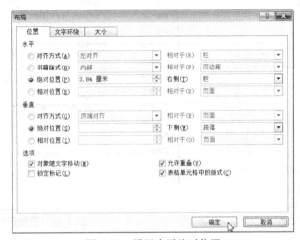

图 3-57　设置水平绝对位置

图 3-58　流程图绘图及布局设置效果

3. 添加文字

绘制完基本图形后，接下来在图形上添加文字信息。具体的操作步骤如下。

（1）添加文字。在第1个"流程图：终止"图形上单击鼠标右键，在弹出的快捷菜单中选择【添加文字】菜单项。

（2）此时该图形处于可编辑状态，然后输入"开始"文字（见图 3-59），如果文本框太小或文字没有显示出来，可以对其高度或者宽度进行调整。在该图形边框上单击鼠标右键，在弹出的快捷菜单中选择【设置形状格式】菜单项。

（3）随即弹出【设置形状格式】对话框，切换到【文本框】选项卡，在【内部边距】组合框中的【高度】微调框中输入"0 厘米"，单击 关闭 按钮，如图 3-60 所示。

（4）单击【格式】工具栏中的【居中】按钮 ，使图形中的文字居中对齐。接下来使用同样的方法在其他图形上添加文字信息，并调整图形的大小，效果如图 3-61 所示。

图 3-59　添加文字

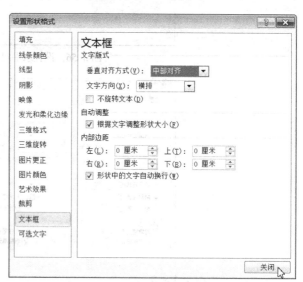

图 3-60　设置形状格式

图 3-61　为其他图形添加文字并设置格式

4. 绘制箭头

箭头是流程图中最重要的一部分。绘制箭头的具体步骤如下。

（1）绘制箭头。切换到【插入】选项卡，单击【插图】组中的【形状】按钮，在下拉菜单中选择【线条】组合框中的【箭头】选项。

（2）将鼠标移动到含有"开始"文字图形的正下方，按住鼠标向下拖动，拖至合适位置后释放鼠标，即可绘制一个向下的箭头，然后使用同样的方法绘制流程图中其余的箭头，并调整其位置，如图 3-62 所示。

（3）绘制肘形箭头连接符。单击【线条】组合框中的【肘形箭头连接符】选项。将鼠标指针移至含有"财务部"图形左边线的中间位置，然后按住鼠标拖动至含有"确定奖惩"图形右边线的中间位置，如图 3-63 所示。

（4）释放鼠标，即可成功绘制一条肘形箭头连接符，至此流程图基本设置完成。

图 3-62　绘制流程图箭头

图 3-63　绘制肘形箭头连接符

3.2.2　美化流程图

流程图设置完成后，为了增强视觉效果，可以对其进行格式设置。例如，设置填充效果、线条、阴影样式和三维效果样式等。

本实例原始文件和最终效果所在位置如下。	
原始文件	素材\原始文件\03\考勤管理工作流程1.docx
最终效果	素材\最终效果\03\考勤管理工作流程1.docx

（1）打开本实例的原始文件，选中含有"……"信息的图形，切换到【绘图工具】栏中的【格式】选项卡，单击【形状样式】组中的【形状填充】按钮 右侧的下箭头按钮 ，在下拉列表中选择【无填充颜色】选项，然后单击【形状轮廓】按钮右侧的下拉按钮 ，在弹出的下拉列表中选择【无轮廓】选项。

（2）设置填充色。选中"开始"和"结束"两个图形，然后单击【形状样式】组右下角的【对话框启动器】按钮 ，随即弹出【设置形状格式】对话框。切换到【填充】选项卡，选择【渐变填充】选项，鼠标选中【渐变光圈】组中滑动条上的某个滑块后，单击【颜色】按钮 ，在下拉菜单中选择一种合适的颜色，使用同样的方法设置其他滑块的颜色。可通过鼠标调节滑块的位置来调整颜色分布，通过滑动条右侧的【添加渐变光圈】按钮 和【删除渐变光圈】按钮 来添加和删除滑块，如图 3-64 所示。

（3）设置阴影。切换到【阴影】选项卡，在【预设】下拉列表中选择【右下角偏移】选项，如图 3-65 所示，单击 [关闭] 按钮返回文档，可看到设置效果，如图 3-66 所示。

（4）设置三维格式。选中流程图中其余的图形，将填充颜色设置为合适的颜色，将线条颜色设置为【无线条颜色】，切换到【三维格式】选项卡，在【棱台】组合框中的【顶端】下拉列表中选择【圆】，然后在右侧微调框中进行适当调整，如图 3-67 所示。

（5）设置完毕，单击 [关闭] 按钮返回文档，考勤管理工作流程图最终效果如图 3-46 所示。

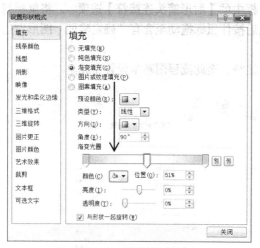

图 3-64　设置填充颜色

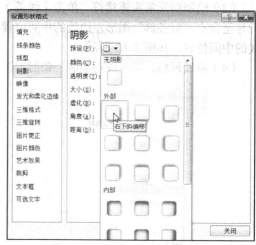

图 3-65　设置阴影效果

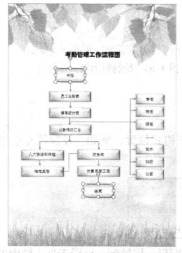

图 3-66　填充颜色及阴影设置效果

图 3-67　设置三维格式

练 兵 场

一、打开【习题】文件夹中的表格文件："练习题/原始文件/03/【十月酒水销售业绩表】"，并按以下要求进行设置。

1. 将文档中的文本转化成表格，手动调整表格列宽至合适的大小，将文本 "21" - "40" 列移动至 "顺序" 列下。

2. 设置表格单元格文字为 "水平居中对齐"，将标题字体设置为【华文新魏】、【二号】、【居中】。在表格右上方插入日期文本："10 月　　日　星期（　）"。

　　3．使整个表格【居中】，为页面设置纹理填充效果为【羊皮纸】。

　　4．将页边距设置为【窄】，设置页面大小为【宽度】："16.9 厘米"；【高度】："18 厘米"。添加页面边框为【1.5 磅】、【橙色】、【双实线】。

　　（最终效果见："练习题/最终效果/03/【十月酒水销售业绩表】"）

　　二、打开【习题】文件夹中的表格文件"练习题/原始文件/06/【酒水销售提成流程图】"，并按以下要求进行设置。

　　1．将文档中的四个矩形大小设置为【高度】："1.4 厘米"、【宽度】："11.9 厘米"，水平位置设置为【绝对位置】："1.6 厘米"、【右侧】："栏"。

　　2．在四个矩形的上方和下方各插入一个大小相同的图形：【流程图：终止】，并分别添加文字："开始"、"结束"，字体设置为【宋体】、【小四】，形状颜色填充为【绿色】，设置棱台效果为【圆】。

　　3．将标题文本设置为【华文新魏】、【二号】、【居中】；将流程框内的文字设置为【宋体】、【四号】。

　　4．将四个矩形颜色填充为【浅绿】，绘制五个同样大小的【下箭头】，将流程图链接起来，设置箭头样式为"浅色 1 轮廓，彩色填充 - 橙色，强调颜色 6"。

　　（最终效果见："练习题/最终效果/03/【酒水销售提成流程图】"）

第 4 章 表格编辑、公式计算与保护

Excel 2010 具有强大的电子表格制作与数据处理功能，它能够快速计算和分析数据信息，提高工作效率和准确率，是目前被广泛使用的办公软件之一。本章介绍如何使用 Excel 2010 对表格进行编辑、对数据进行公式运算以及对工作表进行加密保护等内容。

4.1 实例目标与解析

实例目标

本例将建立一份公司员工培训成绩统计表文档，此表可以使各员工各项培训成绩直观且详细地展现出来，同时便于对整体培训效果进行评估，如图 4-1 所示。

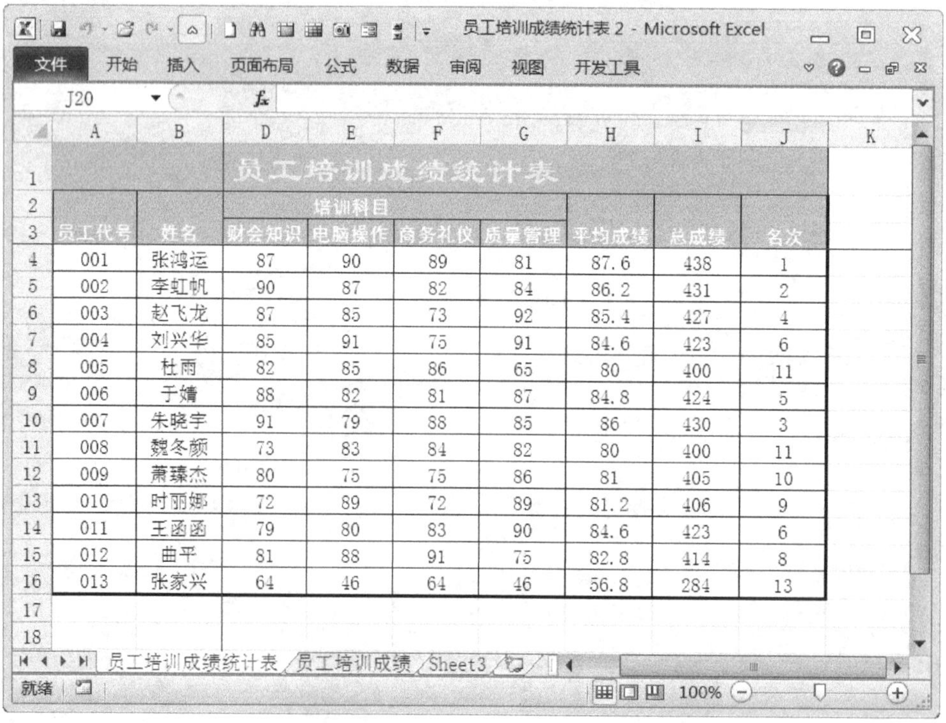

员工培训成绩统计表

员工代号	姓名	培训科目				平均成绩	总成绩	名次
		财会知识	电脑操作	商务礼仪	质量管理			
001	张鸿运	87	90	89	81	87.6	438	1
002	李虹帆	90	87	82	84	86.2	431	2
003	赵飞龙	87	85	73	92	85.4	427	4
004	刘兴华	85	91	75	91	84.6	423	6
005	杜雨	82	85	86	65	80	400	11
006	于婧	88	82	81	87	84.8	424	5
007	朱晓宇	91	79	88	85	86	430	3
008	魏冬颜	73	83	84	82	80	400	11
009	萧臻杰	80	75	75	86	81	405	10
010	时丽娜	72	89	72	89	81.2	406	9
011	王函函	79	80	83	90	84.6	423	6
012	曲平	81	88	91	75	82.8	414	8
013	张家兴	64	46	64	46	56.8	284	13

图 4-1　员工培训成绩统计表最终效果

♪ 实例解析

本例在制作之前，可以从以下几个方面进行分析和资料准备。

（1）**确定公司员工培训成绩统计表的内容**。公司员工培训成绩统计表中应该包含统计员工的姓名、代号、培训科目、平均成绩、总成绩、名次等情况。

（2）**制作销售统计表**。制作销售统计表的过程简单，先设计一个表头，再输入各个项目，输入数据，最后对表格进行设计美化即可。

（3）**在表格中输入数据**。本例中的数据输入主要涉及两种方式。一种是直接在单元格中输入；另一种是快速填充输入，快速填充输入通常是输入有序的数据。

操作过程

结合上述分析，本例的制作思路如图 4-2 所示，涉及的知识点有新建和保存工作簿、重命名和删除工作表、在工作表中输入数据、数据填充、利用函数进行各种计算、编辑工作表、设计和美化工作表、冻结窗口等内容。

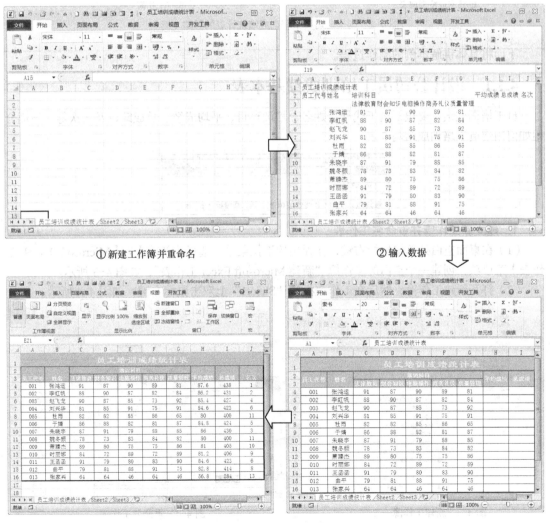

① 新建工作簿并重命名　　　　　② 输入数据

④ 利用函数进行计算　　　　　③ 编辑、美化工作表

图 4-2　制作公司员工培训成绩统计表的思路

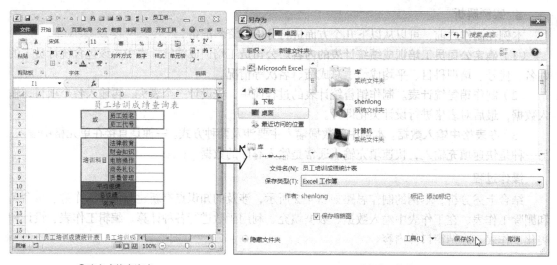

⑤建立成绩查询表　　　　　　　　　　　　　⑥保存工作簿

图 4-2　制作公司员工培训成绩统计表的思路（续）

下面将具体讲解本例的制作过程。

4.1.1　设计公司员工培训成绩基本表

员工培训成绩主要包括员工代号、姓名、培训科目、平均成绩、总成绩以及名次等，下面介绍如何创建员工培训成绩基本表。

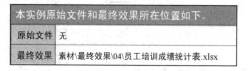

本实例原始文件和最终效果所在位置如下。	
原始文件	无
最终效果	素材\最终效果\04\员工培训成绩统计表.xlsx

1. 建立新工作簿并重命名工作表

（1）在桌面空白处单击鼠标右键，在弹出的下拉菜单中选择【新建】▷【Microsoft Excel 工作表】菜单项，创建一个空白的工作簿"新建 Microsoft Excel 工作表"，如图 4-3 所示。

（2）打开新建工作簿，然后在工作表标签"Sheet1"上双击鼠标左键，如图 4-4 所示。

图 4-3　新建工作簿

图 4-4　重命名工作表

（3）此时工作表"Sheet1"处于可编辑状态，然后输入"员工培训成绩统计表"，按下【Enter】键确认。

2. 输入列标题和表格内容

（1）输入表格标题和列标题。在单元格 A1 中输入表格标题"员工培训成绩统计表"，然后按照图 4-5 所示输入列标题。

（2）输入姓名和培训成绩。在单元格区域"B4：G16"中输入员工姓名及其各科目的培训成绩，如图 4-6 所示。

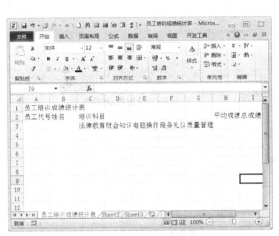

图 4-5　输入表头和列标题

图 4-6　输入内容

（3）输入员工代号。在单元格 A4 中输入员工代号"001"，按下【Enter】键，然后选中单元格 A4，将鼠标指针移动到该单元格的右下角，当指针变为"+"形状时，按住并向下拖动到单元格 A16，如图 4-7 所示。

（4）释放鼠标即可自动填充上数据，此时单元格左上角会出现绿色的小三角"▸"，这是由于单元格中的数字为文本格式，或者前面有撇号。选中单元格区域"A4:A16"，此时单元格 A4 的旁边会出现【智能标记】按钮◈，然后在弹出的下拉列表中选择【忽略错误】选项，如图 4-8 所示。

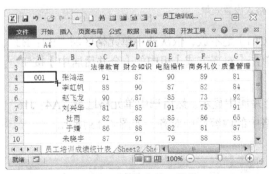

图 4-7　输入员工代号

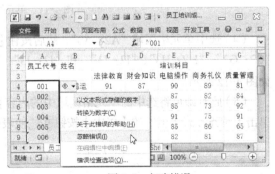

图 4-8　忽略错误

3. 合并单元格

（1）选中单元格区域"A1:J1"，切换到【开始】选项卡，单击【单元格】组中的 格式 按钮。在下拉列表中选择【设置单元格格式】选项，如图 4-9 所示。

（2）随即弹出【设置单元格格式】对话框，切换到【对齐】选项卡，分别在【水平对齐】和【垂直对齐】的下拉列表中选择【居中】选项，然后选中【合并单元格】复选框，其他选项保持默认设置，如图 4-10 所示。

（3）单击 确定 按钮返回工作表，设置的效果如图 4-11 所示。

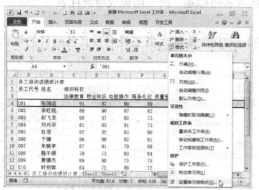

图 4-9　选择【设置单元格格式】

图 4-10　设置单元格格式

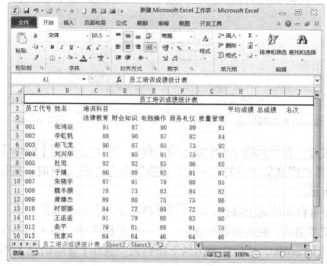

图 4-11　单元格格式设置效果

（4）选中单元格区域"A2：A3"，然后按住【Ctrl】键不放，依次选中单元格区域"B2：B3"、"C2：G2"、"H2：H3"、"I2：I3"、和"J2：J3"，单击【对齐方式】组中的【合并后居中】按钮，如图 4-12 所示。

（5）此时即可将选中的单元格区域中的内容合并居中显示。然后选中单元格区域"A4：J16"，单击【对齐方式】组中的【居中】按钮，使表格中的内容居中对齐，如图 4-13 所示。

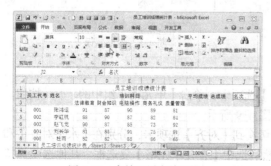

图 4-12　合并且居中单元格

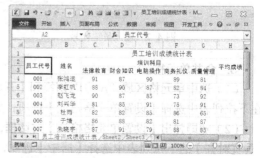

图 4-13　字体居中对齐

4. 设置边框和背景色

为了使表格更加清晰美观，用户可以为其添加表格边框和背景色。具体步骤如下。

（1）添加边框。选中单元格区域"A1：J16"，切换到【开始】选项卡，单击【单元格】组中的 格式·按钮，在下拉列表中选择【设置单元格格式】选项。弹出【设置单元格格式】对话框，切换到【边框】选项卡，根据【线条】组合框中提供的样式进行设置，如图 4-14 所示。

（2）单击 确定 按钮返回工作表，设置的效果如图 4-15 所示。

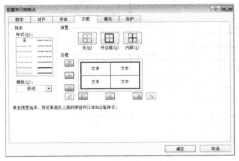

图 4-14　设置表格边框

图 4-15　边框设置效果

（3）设置单元格背景色。选中单元格区域"A1：J3"，按下【Ctrl】+【1】组合键，弹出【设置单元格格式】对话框，切换到【填充】选项卡，在【背景色】颜色面板中选择【蓝色】选项，如图 4-16 所示。

（4）单击 确定 按钮返回工作表，显示的效果如图 4-17 所示。

图 4-16　设置填充颜色

图 4-17　填充颜色设置效果

5. 设置字体

（1）选中单元格区域"A1：J1"，切换到【开始】选项卡，在【字体】组中的【字体】下拉列表中选择【隶书】选项，在【字号】下拉列表中选择【20】选项，单击【字体颜色】按钮 右侧的下箭头按钮，在弹出的下拉列表中选择【黄色】选项，如图 4-18 所示。

（2）按照相同的方法将单元格区域"A2：J3"中的字体颜色设置为【白色】，如图 4-19 所示。

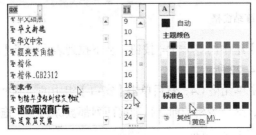

图 4-18　设置字体格式

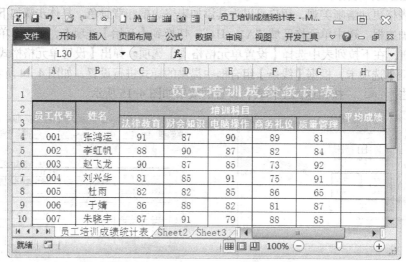

图 4-19 字体格式设置效果

6. 冻结行和列

当表格中含有多条记录且不便于查看时，可以使用冻结窗格的功能，即将某一行或者某一列固定，然后滚动查看其他内容。

（1）冻结行。选中单元格 A4，切换到【视图】选项卡，单击【窗口】组中的 冻结窗格 按钮，在下拉列表中选择【冻结拆分窗格】选项，如图 4-20 所示。

（2）拖动垂直滚动条即可发现表格的前 3 行已被冻结，此时可以滚动查看第 3 行以后的内容，如图 4-21 所示。

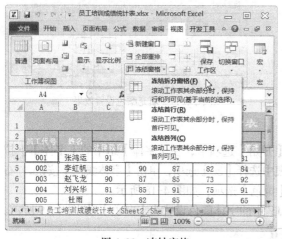

图 4-20 冻结窗格

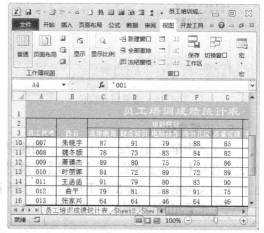

图 4-21 滚动查看冻结窗格

（3）再次单击【窗口】组中的 冻结窗格 按钮，从下拉列表中选择【取消冻结窗格】菜单项，即可取消冻结窗格，如图 4-22 所示。

（4）冻结行和列。选中单元格 C4，然后单击【窗口】组中的 冻结窗格 按钮，从下拉列表中选择【冻结拆分窗口】选项，这样表格的前 3 行和前两列都被冻结了，拖动水平和垂直滚动条即可查看其余行列的内容，如图 4-23 所示。

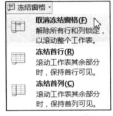

图 4-22　取消冻结窗格

图 4-23　冻结行和列

7. 保存工作簿

为了便于日后使用该表格，可以将该工作簿另存为模板形式。

（1）单击快速访问工具栏中的【保存】按钮 ，弹出【另存为】对话框，在【文件名】下拉列表文本框中输入"员工培训成绩统计表"，在【保存类型】下拉列表中选择【Excel 模板】选项，单击 保存(S) 按钮，如图 4-24 所示。

（2）此时工作簿名称变为"员工培训成绩统计表.xlt"，如图 4-25 所示。

图 4-24　保存工作簿

图 4-25　保存后的工作簿

4.1.2　计算公司员工培训成绩统计表

员工的培训成绩涉及员工的平均成绩、总成绩以及名次等信息，这就需要使用 Excel 中的公式和函数功能进行计算。

公式是对函数进行分析与计算的等式。在工作表中插入公式后，如果数据有所更新，那么公式会自动更新显示结果。

函数是公式的概括，用于单元格区域的运算。Excel 2010 中包含有 9 种函数：财务、日期与时间、数学与三角函数、统计、查找与引用、数据库、文本、逻辑以及信息函数等。在表格中输入函数的方法有多种，可以手工输入，也可以使用函数向导输入。

本小节在计算公司员工培训成绩统计表时，使用了 AVERAGE、SUM 和 RANK 等函数。

本实例原始文件和最终效果所在位置如下。	
原始文件	素材\最终效果\04\员工培训成绩统计表 1.xlsx
最终效果	素材\最终效果\04\员工培训成绩统计表 1.xlsx

1. 公式常识

● 公式组成结构

公式是由等号、常量、单元格引用以及运算符等元素组成，其中等号是必不可少的，图 4-26 中的表达式就是一个简单的公式实例。

图 4-26　输入公式

公式是以 "=" 开头，否则 Excel 会将其识别为文本。

● 单元格引用

单元格引用在公式应用中是非常重要的，根据引用方式的不同可以分为 3 类：相对引用、绝对引用以及混合引用。

相对引用是直接输入单元格的位置名称，例如 A2；绝对引用是在引用单元格的同时添加 "$" 符号，表示引用的位置是绝对的，例如$A$1:；混合引用是指相对引用与绝对引用混合使用，例如，$A1 或 A$1。

在公式中还可以引用其他工作表的单元格区域，只要在引用过程中添加工作表标签名称即可。例如，希望在工作表 Sheet1 中引用工作表 Sheet2 中的单元格区域 "A2:B5",则可输入公式 "=SUM(Sheet2! A2:B5)",然后按下【Enter】键确认即可。

2. 计算员工总成绩和平均成绩

● 计算员工总成绩

计算员工总成绩的具体步骤如下。

（1）打开本实例的原始文件，选中单元格 I4，将光标定位在编辑栏中，然后输入公式 "=SUM（C4:G4）",如图 4-27 所示。

（2）输入完毕按下【Enter】键，即可求出计算结果，并且光标会自动定位到下面的单元格 I5 中，如图 4-28 所示。

虽然用户单击【输入】按钮 ✓ 和按【Enter】键的效果相同，但前者不会改变活动单元格，而后者则会自动地将下一个单元格激活为活动单元格。用户可以通过【选项】对话框设置 "下一个" 激活单元格的方向：单击 文件 按钮，从弹出的下拉菜单中选择【选项】菜单项，弹出【Excel 选项】对话框，切换到【高级】选项卡，选中【按 Enter 键后移动所选内容】复选框，然后在下面的【方向】下拉列表中选择合适的选项即可，如图 4-29 所示。

（3）选中单元格 I4，将光标移动到该单元格的右下角，当鼠标指针变为 "+" 形状时，按住向下拖至单元格 I16，然后释放即可，如图 4-30 所示。

● 计算平均成绩

（1）选中单元格 H4，输入公式 "=AVERAGE(C4：G4),然后按下【Enter】键，在单元格中就会显示计算结果，如图 4-31 所示。

（2）利用自动填充功能将单元格 H4 中的公式复制到该列的其他单元格中，此时的工作表如图 4-32 所示。

图 4-27 输入公式

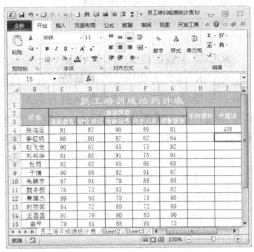

图 4-28 计算总成绩

图 4-29 设置下一个激活单元格方向

图 4-30 填充总成绩

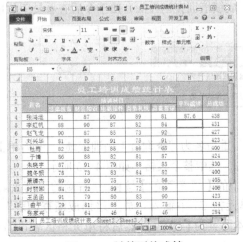

图 4-31 计算平均成绩

图 4-32 填充平均成绩

3. 为员工培训成绩排名次

接下来要做的就是为员工培训成绩排名次，这里需要用到 RANK 函数，下面先了解一下该函数的相关知识。

RANK 函数的格式为：RANK（number,ref,order）

RANK 函数的功能是返回某数字在一列数字中相对于其他数值的大小排位。其中 number 为需要找到排序的数字；ref 为数字列表数组或对数字列表的引用；order 为数字，指明排位的方式，如果 order 为 0 或者省略，Excel 对数字的排位则是基于 ref 为按照降序排列的列表，如果 order 不为零，Excel 对数字的排位则是基于 ref 为按照升序排列的列表。

利用 RANK 函数对员工成绩排名的具体步骤如下。

（1）选中单元格 J4，输入公式 "=RANK(I4，$I$4：$I$16)",输入完毕单击编辑栏左侧的【输入】按钮✓确认输入，如图 4-33 所示。

（2）利用自动填充功能将单元格 J4 中的公式复制到该列的其他单元格即可，如图 4-34 所示。

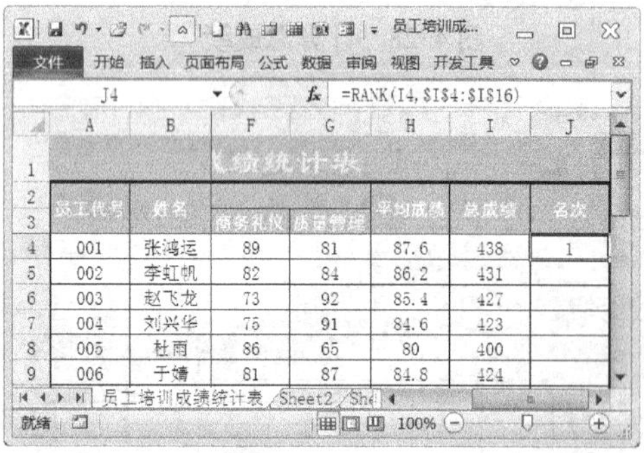

图 4-33　计算名次

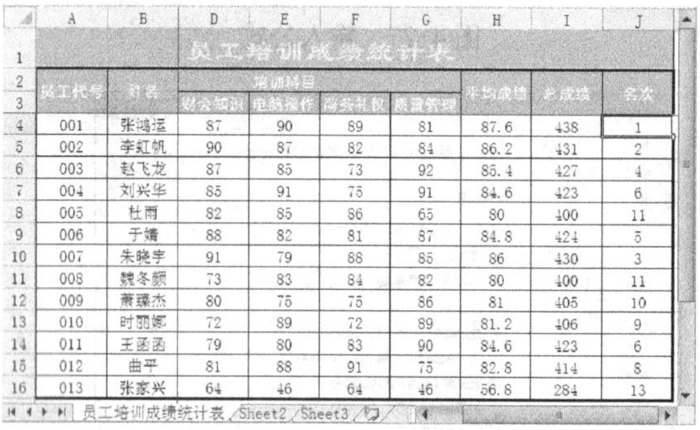

图 4-34　填充名次

需要注意的是：函数 RANK 对重复数的排位相同，单重复数的排位会影响后续数值的排位。例如，在总成绩列中 423 和 400 都出现了两次，其排位分别为 6 和 11，因此 "总成绩" 排位中没有第 7 名和第 12 名，接下来的排名为第 8 名和第 13 名。

4.1.3　查询员工培训成绩

员工培训成绩统计表创建完成，接下来建立员工成绩培训查询界面，便于今后查看员工的培训成绩。

本实例原始文件和最终效果所在位置如下。	
原始文件	素材\原始文件\04\员工培训成绩统计表 2.xlsx
最终效果	素材\最终效果\03\员工培训成绩统计表 2.xlsx

1. 创建查询员工培训成绩表

（1）打开本实例的原始文件，将工作表 "Sheet2" 重命名为 "查询员工培训成绩"，然后单击工作表左上角的行号与列表交叉处的【全选】按钮，选中整个表格，如图 4-35 所示。

（2）切换到【开始】选项卡，单击【字体】栏目中的【填充颜色】按钮右侧的下箭头，在弹出的下拉列表中选择【白色】选项，接着在单元格 C1 中输入 "员工培训成绩查询表"，将字体设置为【楷体】，将字号设置为【16】，将字体设置为【绿色】，然后将单元格区域 "C1：F1" 合并为一个单元格，如图 4-36 所示。

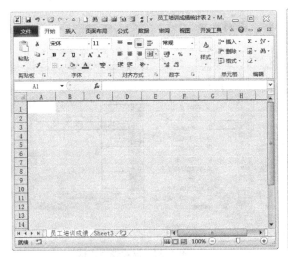 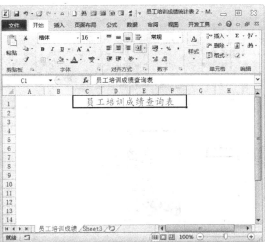

图 4-35 选中工作表　　　　　　　　图 4-36 输入并编辑表头

（3）在工作表中输入查询项目，并对表格内容的字体格式、对齐方式、背景颜色以及边框等进行设置，效果如图 4-37 所示。

图 4-37 建立成绩查询表

2. 插入行并移动查询项目

（1）在第 4 行之前插入一行。将光标定位在第 4 行中的任意一个单元格中，切换到【开始】选项卡，单击【单元格】组中的 插入 按钮右侧的下箭头按钮，从弹出的下拉列表中选择【插入工作表行】选项，如图 4-38 所示。

（2）将光标移至第 4 行行号上，当鼠标变为 "➡" 形状时单击选中该行，然后切换到【开始】选项卡中，单击【字体】组中的【边框】按钮田·右侧的下箭头按钮·，在弹出的下拉列表中选择【无框线】选项，如图 4-39 所示。

（3）将第 4 行的填充颜色设置为白色，然后将表格边框设置成图 4-40 所示的效果。

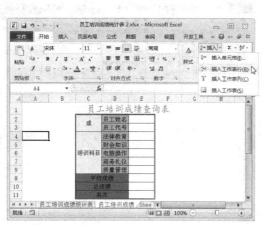

图 4-38　插入工作表行

图 4-39　设置表格边框

图 4-40　设置效果

3. 用公式或函数查询成绩

在生成员工培训成绩查询表时，会用到 IF 函数、AND 函数以及 VLOOKUP 函数，下面介绍这些函数的语法及功能。

● IF 函数

语法格式：

IF（logical_test,value_if_true,value_if_false）

IF 函数的功能是根据逻辑计算的真假值进行判断，返回不同的计算结果。

Logical_test 表示计算结果为 TRUE 或 FALSE 的任意值或表达式；value_if_true：logical_test 为 TRUE，是返回的值；value_if_false：logical_test 为 FALSE，是返回的值。

需要说明的是：函数 IF 可以嵌套 7 层，用 value_if_true 以及 value_if_false 参数可以构造复杂的检测条件。在计算参数 value_if_true 和 value_if_false 后，函数 IF 返回相应语句执行后的返回值。如果函数 IF 的参数包含数组，则在执行 IF 语句时，数组中的每一个元素都将被计算。

● AND 函数

语法格式：

AND(logical1,logical2,...)

AND 函数的功能是当所有参数的逻辑值为真时,返回 TRUE;只要有一个参数的逻辑值为假,则返回 FALSE。

logical1,logical2,...表示待检测的 1 到 30 个条件值,各条件值可为 TRUE 或 FALSE。

需要说明的是,在 AND 函数中,参数必须是逻辑值 TRUE 或 FALSE,或者是包含逻辑值的数组或引用。如果数组或者引用参数中包含文本或空白单元格,这些值将被忽略;如果指定的单元格区域内包括非逻辑值,AND 函数将返回错误值 "#VALUE!"。

● **VLOOKUP 函数**

语法格式:

VLOOKUP(lookup_value,table_array,col_index_num,range_lookup)

VLOOKUP 函数的功能是在表格或者数值数组的首列查找指定的数值,并由此返回表格或者数组当前行中指定列处的数值。当比较值位于数据表首列时,可以使用函数 VLOOKUP 代替函数 HLOOKUP。

lookup_value 为需要在数组第 1 列中查找的数值,可以为数值、引用或者文本字符串;table_array 为需要在其中查找数据的数据表,可以使用对区域或区域名称的引用,例如,数据库或列表;col_index_num 为 table_array 中待返回的匹配值的列序号;range_lookup 为一逻辑值,指明函数 VLOOKUP 在返回时是精确匹配还是近似匹配。

需要说明的是:如果函数 VLOOKUP 找不到 lookup_value,且 range_lookup 为 TRUE,则使用小于等于 lookup_value 的最大值;如果 lookup_value 小于 table_array 第 1 列中的最小数值,函数 VLOOKUP 则返回错误值#N/A;如果函数 VLOOKUP 找不到 lookup_value 且 range_lookup 为 FALSE,函数 VLOOKUP 则返回错误值#N/A。了解了相关的函数之后,下面以查询员工代号为 "001" 的 "法律教育" 成绩为例,介绍设置查询成绩的方法。具体的操作步骤如下。

(1)在单元格 E3 中输入 "001"(输入时必须加上英文的 "'" 符号),然后选中单元格 E5,输入以下公式,输入完毕按【Enter】键确认,显示的结果如图 4-41 所示。

=IF(AND($E$2="",$E$3=""),"",IF(AND(NOT($E$2=""),$E$3=""),VLOOKUP($E$2,员工培训成绩统计表!$B$4: $J$16,2),IF(NOT($E$3=""),VLOOKUP($E$3,员工培训成绩统计表!$A$4:$J$16,3))))

图 4-41　输入数据进行查询

(2)在单元格区域 "E6:E12" 中分别输入以下公式。输入完毕按【Enter】键确认,此时会显示员工代号为 "001" 的所有培训科目成绩、"平均成绩"、"总成绩" 以及 "名次" 等信息。

E6:=IF(AND($E$2="",$E$3=""),"",IF(AND(NOT($E$2=""),$E$3=""),VLOOKUP($E$2,员工培训成绩统计表!$B$4:$J$16,3),IF(NOT ($E$4=""),VLOOKUP($E$3,员工培训成绩统计表!$A$4:$J$16,4))))

E7:=IF(AND($E$2="",$E$3=""),"",IF(AND(NOT($E$2=""),$E$3=""),VLOOKUP($E$2,员工培训成绩统计表!$B$4:$J$16,4),IF(NOT ($E$3=""),VLOOKUP($E$4,员工培训成绩统计表!$A$4:$J$16,5))))

E8:=IF(AND($E$2="",$E$3=""),"",IF(AND(NOT($E$2=""),$E$3=""),VLOOKUP($E$2,员工培训成绩统计表!$B$4:$J$16,5),IF(NOT ($E$3=""),VLOOKUP($E$3,员工培训成绩统计表!$A$4:$J$16,6))))

E9:=IF(AND($E$2="",$E$3=""),"",IF(AND(NOT($E$2=""),$E$3=""),VLOOKUP($E$2,员工培训成绩统计表!$B$4:$J$16,6),IF(NOT ($E$3=""),VLOOKUP($E$3,员工培训成绩统计表!$A$4:$J$16,7))))

E10:=IF(AND($E$2="",$E$3=""),"",IF(AND(NOT($E$2=""),$E$3=""),VLOOKUP($E$2,员工培训成绩统计表!$B$4:$J$16,7),IF(NOT ($E$3=""),VLOOKUP($E$3,员工培训成绩统计表!$A$4:$J$16,8))))

E11:=IF(AND($E$2="",$E$3=""),"",IF(AND(NOT($E$2=""),$E$3=""),VLOOKUP($E$2,员工培训成绩统计表!$B$4:$J$16,8),IF(NOT($E$3=""),VLOOKUP($E$3,员工培训成绩统计表!$A$4:$J$16,9))))

E12:=IF(AND($E$2="",$E$3=""),"",IF(AND(NOT($E$2=""),$E$3=""),VLOOKUP($E$2,员工培训成绩统计表!$B$4:$J$16,9),IF(NOT ($E$3=""),VLOOKUP($E$3,员工培训成绩统计表!$A$4:$J$16,10))))

（3）用户也可以通过输入"员工姓名"进行数据的查询。将单元格 E3 中的数据删除，然后在单元格 E2 中输入员工姓名"张鸿运"，按【Enter】键即可看到单元格区域"E6:E13"中显示姓名为"张鸿运"的各项数据信息。

（4）如果在单元格 E2 或者 E3 中输入的数据不在员工培训成绩统计表中，例如，在单元格 E3 中输入"17"，按【Enter】键后则会出现错误值"#N/A"。

图 4-42　输入员工代号进行查询　图 4-43　输入员工姓名进行查询　　　　图 4-44　输入错误值

4.2　制作员工档案信息表

📖 **实例目标**

在公司人事管理中，员工的录取、职务的调动以及离职等信息，都需要人事部门记录归档，并对档案进行妥善保管，以便需要时能迅速查阅任意一份归档文件。由于员工的档案资料具有一定的时效性，因而，使用 Excel 2010 制作一张电子员工档案表，可以将员工的基本信息输入到员工档案表中，能够更大地提高行政办公的效率。

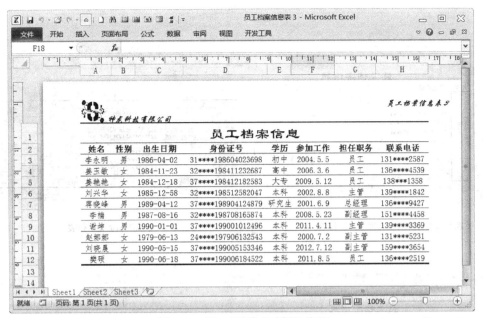

图 4-45 员工档案信息表最终效果

实例解析

本例在制作之前，可以从以下几个方面进行分析和资料准备。

（1）**确定公司员工档案信息表的内容**。公司员工档案信息表中应该包含统计员工的姓名、性别、出生日期、身份证号、参加工作时间、担任职务、练习电话等情况。

（2）**制作员工档案信息表**。制作员工档案信息表的过程非常简单，先设计一个表头，再输入各个项目及数据，最后对表格进行设计美化即可。

（3）**在表格中输入数据**。将整理好的数据输入到表格中，可以使用前面讲过的数据填充的方法进行输入。

操作过程

结合上述分析，本例的制作思路如图 4-46 所示，涉及的知识点有为单元格添加背景图片、利用函数进行计算、使用下拉列表输入信息、在多个单元格中同时输入信息、使用记录单、为工作表照相、添加页眉和页脚等内容。

①新建并保存工作表　　②输入员工档案信息

图 4-46 制作员工档案信息表的思路

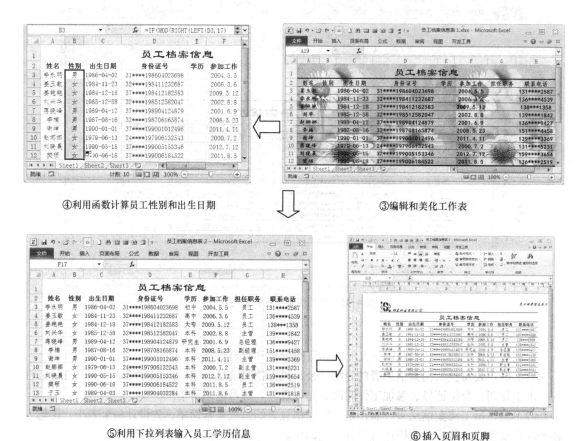

④利用函数计算员工性别和出生日期　　　　　③编辑和美化工作表

⑤利用下拉列表输入员工学历信息　　　　　⑥插入页眉和页脚

图 4-46　制作员工档案信息表的思路（续）

下面将具体讲解本例的制作过程。

4.2.1　创建员工档案信息表

员工的档案内容主要包括员工的姓名、性别、出生日期、身份证号码、学历、参加工作时间、担任职务以及联系电话等。

本实例原始文件和最终效果所在位置如下。	
原始文件	无
最终效果	素材\最终效果\04\员工档案信息表.xlsx

在对员工档案信息进行管理之前，首先需要创建一份基本信息表。

（1）启动 Excel 2010，创建一个新的空白工作簿，然后单击快速访问工具栏中的【保存】按钮，或者按【Ctrl】+【S】组合键，弹出【另存为】对话框，在【保存位置】下拉列表中找到存放文件的位置，在【文件名】下拉列表文本框中输入"员工档案信息表.xls"，单击 保存(S) 按钮。

（2）此时标题栏中的名称已经发生了变化。接下来输入员工档案信息，首先在单元格 A1 中输入表格标题"员工档案信息"，然后在第 2 行中分别输入列标题项目。

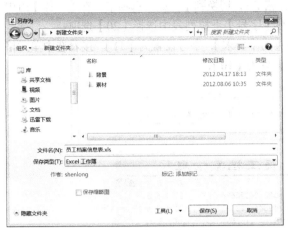

图 4-47　新建并保存工作簿

图 4-48　输入表格标题与列标题

（3）选中单元格区域"A1:H1"，切换到【开始】选项卡，单击【对齐方式】组中的【合并后居中】按钮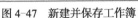，使表格标题居中，然后在表格中输入员工的"姓名"、"身份证号码"、"参加工作时间"以及"联系电话"等信息。选中单元格区域"A2:H13"，切换到【开始】选项卡，单击【单元格】组中的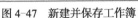格式·按钮，从弹出的下拉列表中选择【自动调整列宽】选项，如图 4-49 所示。

（4）系统会自动调整列宽，然后单击【对齐方式】组中的【居中】按钮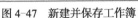，使表格内容居中对齐，如图 4-50 所示。

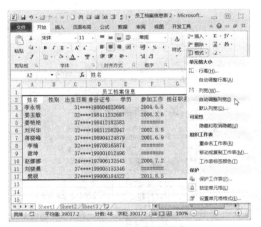

图 4-49　自动调整列宽

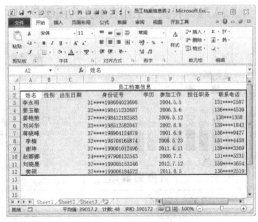

图 4-50　调整后效果

4.2.2　美化员工档案信息表

员工档案信息表的基本轮廓创建完毕，为了使其外观更加美观、清晰，需要对其进行美化设置。

本实例素材文件、原始文件和最终效果所在位置如下	
素材文件	素材\素材文件\04\001.jpg
原始文件	素材\原始文件\04\员工档案信息表 1.xlsx
最终效果	素材\最终效果\04\员工档案信息表 1.xlsx

可以从以下几个方面对表格进行格式化操作。

1. 设置字体格式

（1）打开本实例对应的原始文件，选中单元格 A1，切换到【开始】选项卡，在【字体】组中单击【字体】下拉列表中选择【隶书】选项，在【字号】下拉列表中选择【20】选项。

（2）选中单元格区域"A2:H2"，将字体设置为【仿宋】，字号设置为【11】。接着选中单元格区域"A3:H12"，将字体设置为【楷体】，字号设置为【10】。

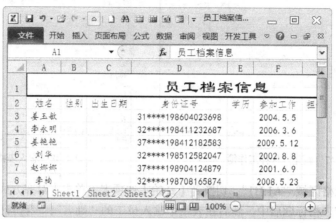

图 4-51　设置表格标题

2. 设置单元格填充颜色

（1）选中整个工作表，在【字体】组中单击【填充颜色】按钮 右侧的下箭头按钮，在弹出的下拉列表中选择【浅绿】选项。

（2）随即将整个工作表填充为浅绿色。

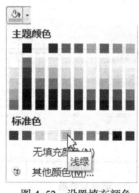

图 4-52　设置填充颜色

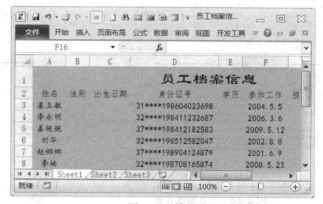

图 4-53　填充效果

3. 在单元格中插入背景图片

（1）选中单元格区域"A1:H13"，单击【字体】组中的【填充颜色】按钮 右侧的下箭头按钮，在弹出的下拉列表中选择【无填充颜色】选项，切换到【视图】选项卡，在【显示】组中撤选【网格线】复选框，将工作表中的网格线隐藏起来，然后切换到【页面布局】选项卡，单击【页面设置】组中的 背景按钮。

（2）随即弹出【工作表背景】对话框，在【查找范围】下拉列表中找到存放图片的位置，在下面的列表框中选择一幅合适的图片，这里选择【001.jpg】选项，单击 插入(S) 按钮，如图 4-55所示。

图 4-54　设置【无填充颜色】和隐藏网格线　　　图 4-55　插入工作表背景

（3）随即在选整个工作表中显示出插入的工作表背景。

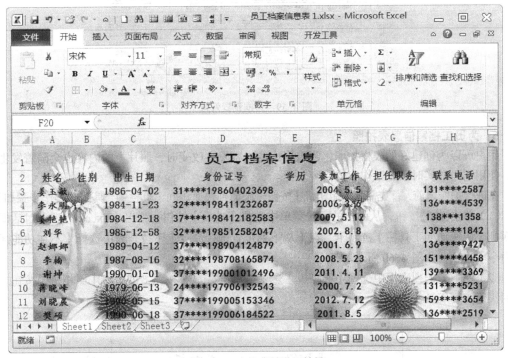

图 4-56　表格背景设置效果

4. 设置表格边框

（1）选中单元格区域"A2:H2"，单击鼠标右键，在弹出菜单中选择【设置单元格格式】菜单项，弹出【设置单元格格式】对话框，切换到【边框】选项卡，按照【边框】组合框中的效果对表格边框进行设置，如图 4-57 所示。

（2）单击　确定　按钮返回工作表，然后选中单元格区域"A3:H13"，按下【Ctrl】+【1】组合键，弹出【设置单元格格式】对话框，切换到【边框】选项卡，然后按照【边框】组合框中的效果对表格边框进行设置，如图 4-58 所示。

（3）单击　确定　按钮返回工作表，即可看到设置的边框效果，如图 4-59 所示。

图 4-57 设置表格边框

图 4-58 设置表格边框

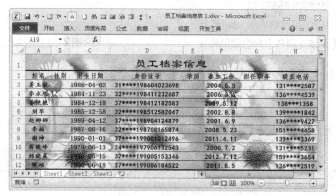

图 4-59 边框设置效果

5. 为员工档案信息表拍照

用户可以为创建好的表格拍照，当表格中的内容发生改变时，照片上的内容也会随着发生变化，使用它可以实时预览工作表的内容。

在进行拍照之前，首先需将【照相机】按钮 添加到快速访问工具栏中。具体的操作步骤如下。

（1）单击 文件 按钮，从弹出的下拉菜单中选择【选项】按钮，弹出【Excel 选项】对话框，切换到【快速访问工具栏】选项卡，在【从下列位置选择命令】下拉列表中选择【不在功能区中的命令】选项，如图 4-60 所示。

（2）在下方的列表框中选择【照相机】选项，单击 添加(A) >> 按钮，即可将【照相机】按钮 添加到快速访问工具栏中。

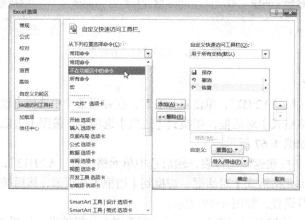

图 4-60 选择【不在功能区中的命令】

图 4-61 添加【照相机】命令

  如何删除快速访问工具栏中的按钮？

例如，要删除刚刚添加的【照相机】按钮 。将鼠标移至【照相机】按钮 上，单击鼠标右键，在弹出的菜单中选择【从快速访问工具栏中删除】选项即可。

接下来使用【照相机】按钮 为表格拍照，具体的操作步骤如下。

（1）选中需要进行拍照的单元格区域"A2:H13"，单击快速访问工具栏中的【照相机】按钮 。

（2）此时被选中的单元格区域周围会出现闪烁的边框，并且鼠标指针变为"十"形状，然后切换到工作表 Sheet2 中，在单元格 A1 上单击鼠标，即可将工作表 Sheet1 中选中的内容拍成一张照片的形式，并且周围出现 8 个控制点。用户还可以像设置图片格式一样对其进行格式设置，在此不再赘述。

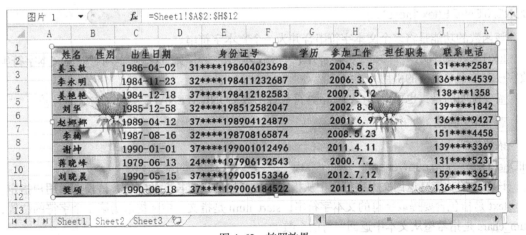

图 4-62 拍照效果

（3）切换到工作表 Sheet1 中，删除单元格区域"A2:H2"中的内容，然后切换到工作表 Sheet2 中，即可发现照片上的表格标题也被删除了。

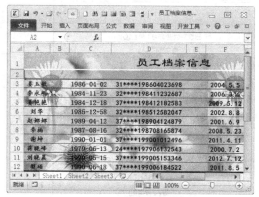

图 4-63　在原表中删除 1 行

图 4-64　删除行后照片效果

4.2.3　对员工档案信息表进行编辑

对员工档案信息表中的某些信息,可以使用 Excel 中的特定功能进行编辑,例如,提取员工的出生日期、判断性别、从下拉列表中选择学历、使用记录单追加员工档案信息等。

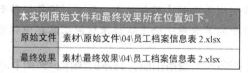

本实例原始文件和最终效果所在位置如下。	
原始文件	素材\原始文件\04\员工档案信息表 2.xlsx
最终效果	素材\最终效果\04\员工档案信息表 2.xlsx

1. 相关函数简介

使用 Excel 提供的提取字符串函数,能够使人事管理人员快速准确地提取员工身份证号码的出生日期。本小节中主要用到的函数有 CONCATENATE、MID、MOD 以及 LEN。下面介绍这几个函数的相关知识。

● CONCATENATE 函数

语法格式:

CONCATENATE(text1,text2,...)

该函数的功能是将多个文本字符串合并为一个文本字符串。

text1,text2,...表示 1 到 30 个将要合并成单个文本项的文本项,这些文本项可以是文本字符串、数字或对单个单元格的引用。

需要说明的是:也可以用 "&" 运算符代替函数 CONCATENATE 实现文本项的合并。

● MID 函数

语法格式:

MID(text,start_num,num_chars)

该函数的功能是返回文本字符串中从指定位置开始的指定长度的字符,该长度由用户指定。

text 是指包含要提取字符的文本字符串,start_num 是指文本中要提取的第 1 个字符的位置,num_chars 是指希望从文本中返回字符的个数。

需要说明的是:如果 start_num 大于 text,则返回空文本("");如果 start_num 小于 text,但 start_num 加上 num_chars 超过了 text,则只返回至多直到文本末尾的字符;如果 start_num 小于 1,则返回错误值#VALUE!;如果 num_chars 是负数,则返回错误值#VALUE!。

● MOD 函数

语法格式：

MOD(number,divisor)

该函数的功能是返回两数相除所得的余数，计算结果的正负号与除数相同。

number 为被除数，divisor 为除数。

需要说明的是：如果 divisor 为零，则返回错误值#DIV/0!。可以用 INT 函数来代替 MOD 函数：MOD(n,d)=n−d*INT(n/d)。

● LEN 函数

语法格式：

LEN(text)

该函数的功能是返回文本字符串中的字符个数。其中参数 text 是指需要查找其长度的文本，当 text 为空格时，则将其作为字符进行计数。

2. 提取出生日期

中国公民的身份证已由原来的 15 位升级为 18 位。15 位身份证号码的编排规则为：1～6 位为省份地区信息码，7～12 位为出生日期码，13～15 位为顺序码。18 位身份证号码的编排规则为：1～6 位为省份地区信息码，7～14 位为出生日期码，15～17 位为顺序码，第 18 位为校验码。需要说明的是：书中表格中的信息是虚构的，如有雷同，纯属巧合。

本实例以 18 位编码的身份证为例。提取员工出生日期的具体步骤如下。

（1）打开本实例的原始文件，在单元格 C3 中输入以下公式。

=CONCATENATE(MID(D3,7,4),"-",MID(D3,11,2),"-",MID(D3,13,2))

或

=MID(D4,7,4)&"-"&MID(D4,11,2)&"-"&MID(D4,13,2)

（2）输入完毕单击编辑栏中的【输入】按钮✓确认输入，然后使用自动填充功能将此公式复制到单元格 C12 中，并调整 C 列列宽，使其内容完全显示。

图 4-65　提取员工生日

3. 断员工性别

本实例以 18 位编码的身份证为例。判断员工的性别是根据顺序码的最后一位（身份证的第 17 位）进行判断，这样可以有效地防止人事部门工作人员误输入员工的性别信息。

（1）在单元格 B3 中输入以下公式，输入完毕单击编辑栏中的【输入】按钮☑确认输入。

=IF(MOD(RIGHT(LEFT(D3,17)),2),"男","女")

（2）使用自动填充功能将此公式复制到单元格 B13 中。

图 4-66　填充员工性别

4. 下拉列表中选择学历

在员工档案信息表中，员工的学历分为初中、高中、大专、本科以及研究生等，因此可以使用 Excel 2010 提供的下拉列表功能来输入。

（1）在单元格 E3、E4、E5、E6 和 E7 中分别输入"高中"、"大专"、"初中"、"本科"和"研究生"，如图 4-67 所示。

（2）选中单元格 E8，然后单击鼠标右键，在弹出的快捷菜单中选择【从下拉列表中选择】菜单项，如图 4-68 所示。

（3）此时在单元格 E8 的下方会出现一个下拉列表，从中选择相应的数据内容即可。

（4）使用同样的方法可在 E 列的其他单元格中输入员工的学历。

图 4-67　输入员工学历

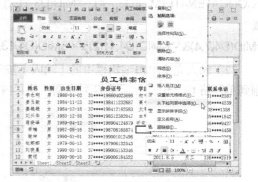

图 4-68　【从下拉列表中选择】

图 4-69　从下拉列表中选择相应内容

5. 多个单元格中同时输入担任职务

当用户在多个不相邻的单元格中输入相同的内容时，通常都是一个一个输入，实际上也可以通过快捷方式实现。

（1）选中单元格 G3、G4 和 G5，然后输入"员工"。

（2）输入完毕后按【Ctrl】+【Enter】组合键，即可将"员工"文字同时输入到单元格 G3、G4 和 G5 中。

图 4-70　在单元格中输入信息

图 4-71　同时输入信息

（3）使用同样的方法可在其他单元格中输入所担任的职务信息。

6. 用记录单管理档案信息

当公司人员的增减发生变动时，办公人员需要及时地对员工的档案信息进行更新。使用 Excel 2010 提供的记录单功能可以随时增加、删除或者查询某一员工的档案信息，这样可以为办公人员省去许多繁琐的操作步骤。

● 追加档案信息

对公司新进的员工，人事部门工作人员需要在档案信息表中进行记录。除了前面介绍的手动输入档案信息的方法外，还可以使用"记录单"功能增加员工的档案信息。

（1）按照 4.2.2 小节中所介绍的方法将【记录单】添加到快速访问工具栏中，选中工作表中数据区域的任意一个单元格，然后单击【记录单】图标 ，弹出【Sheet1】对话框，此时在对话框的左侧显示出表格的列标题以及第 1 条员工的档案信息，拖动滚动条即可查看其他员工的档案信息，然后单击 新建(W) 按钮。

（2）系统会自动创建一空白的数据记录，并且在 新建(W) 按钮的上方显示出"新建记录"

字样，然后在【姓名】、【身份证号码】、【学历】、【参加工作时间】、【担任职务】以及【联系电话】等文本框中输入员工的档案信息，如图 4-74 所示。

（3）添加完毕单击 关闭(L) 按钮返回工作表，即可在工作表中追加一条数据信息，然后设置单元格格式。

图 4-72 打开记录单

图 4-73 新建记录

图 4-74 输入"新建记录"信息

图 4-75 追加记录信息

● 修改档案信息

在日常办公管理中，员工的职位调配、联系方式的更改等情况，都需要行政部门对员工的档案信息进行修改，使用"记录单"功能可以快捷方便地对档案信息进行修改。

下面以员工"谢坤"的担任职务和联系方式为例介绍如何修改档案信息。

（1）选中表格中含有数据的任意一个单元格，然后按照前面介绍的方法打开【Sheet1】对话框，单击 上一条(P) 按钮或者 下一条(N) 按钮找到员工"谢坤"的记录。

（2）在【担任职务】文本框中输入"主管"。

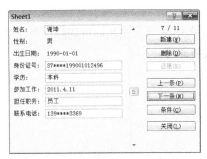

图 4-76　找到员工"谢坤"的记录

图 4-77　修改记录

（3）单击 关闭(L) 按钮返回工作表，即可完成员工"谢坤"档案信息的修改。

图 4-78　修改后的效果

● 查询档案信息

用户可以在员工档案信息表中查找符合条件的档案信息。下面以查询学历为"本科"、担任职务为"主管"的档案信息为例进行介绍。

按照前面介绍的方法打开【Sheet1】对话框，单击 条件(C) 按钮弹出空白对话框，在【学历】文本框中输入"本科"，在【担任职务】文本框中输入"主管"，如图 4-79 所示，然后单击 上一条(P) 或者 下一条(N) 按钮，此时即可查看到符合条件的档案信息，如图 4-80 所示。

图 4-79　输入要查看的信息

图 4-80　查看信息

● 删除档案信息

对于已经离职的员工，可以使用"记录单"功能迅速查找到该员工并将其删除。下面以删除员工"姜玉敏"的所有档案信息为例进行介绍。

（1）按照前面介绍的方法打开【Sheet1】对话框，拖动文本框右侧的滚动条找到员工"姜玉敏"的记录，单击 删除(D) 按钮。

（2）随即弹出【Microsoft Excel】提示对话框，单击 确定 按钮即可删除该员工的所有档案信息，然后在【Sheet1】对话框中单击 关闭(L) 按钮即可。

图 4-81 找到要删除的记录

图 4-82 删除记录

4.2.4 为员工档案表添加页眉和页脚

在日常办公中，打印输出是办公过程中最重要的内容之一，因此在打印之前需要设置一些打印项目，例如，在文档的页眉处添加文档名称和图片，在页脚处插入当前日期和页码等。

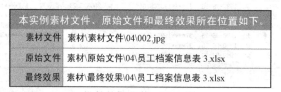

本实例素材文件、原始文件和最终效果所在位置如下。	
素材文件	素材\素材文件\04\002.jpg
原始文件	素材\原始文件\04\员工档案信息表 3.xlsx
最终效果	素材\最终效果\04\员工档案信息表 3.xlsx

1. 在页眉处添加名称和图片

一般情况下，用户会在表格的页眉处添加公司名称、公司标志图和表格的标题等内容。

（1）打开本实例的原始文件，切换到【插入】选项卡，单击【文本】组中的【页眉和页脚】按钮。

（2）文本顶端出现可编辑的页眉，选中左侧页眉，单击【页眉和页脚元素】组中的 图片按钮。随即弹出【插入图片】对话框，在【查找范围】下拉列表中找到存放图片的路径，在下面的列表框中选择一幅合适的图片，这里选择【002.jpg】选项，单击 插入(S) 按钮。

（3）在【左】文本框中显示出"&[图片]"字样，然后单击【设置图片格式】按钮，随即弹出【设置图片格式】对话框，切换到【大小】选项卡，在【比例】组合框中撤选【锁定纵横比】和【相对原始图片大小】两个复选框，在【大小和转角】组合框中的【高度】和【宽度】微调框中分别输入"1.1 厘米"和"1.2 厘米"。

（4）单击 确定 按钮返回【页眉】对话框，在【左】文本框中 "&[图片]"的后面输入"神龙科技有限公司"，然后选中"神龙科技有限公司"文字，切换到【开始】选项卡，单击字体组右下角的【对话框启动器】按钮，弹出【设置单元格格式】对话框，在【字体】列表框中选择【华文行楷】选项，在【字形】列表框中选择【倾斜】选项，在【字号】列表框中选择【11】选项。

（5）单击 确定 按钮，将光标定位到【右】文本框中，然后单击【页眉和页脚元素】组中的

【文件名】按钮，即可在【右】文本框中显示出“&[文件]”字样，然后按照前面介绍的方法对字体格式进行设置。

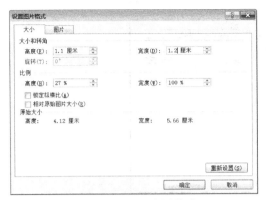

图 4-83　设置图片格式

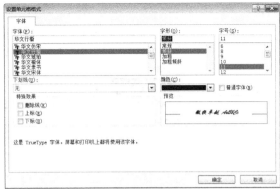

图 4-84　设置字体格式

员工档案信息

姓名	性别	出生日期	身份证号	学历	参加工作	担任职务	联系电话
李永明	男	1986-04-02	31****198604023698	初中	2004.5.5	员工	131****2587
姜玉敏	女	1984-11-23	32****198411232687	高中	2006.3.6	员工	136****4539
姜艳艳	女	1984-12-18	37****198412182583	大专	2009.5.12	员工	138***1358
刘兴华	女	1985-12-58	32****198512582047	本科	2002.8.8	主管	139****1842
蒋晓峰	男	1989-04-12	37****198904124879	研究生	2001.6.9	总经理	136****9427
李楠	男	1987-08-16	32****198708165874	本科	2008.5.23	副经理	151****4458
谢坤	男	1990-01-01	37****199001012496	本科	2011.4.11	主管	139****3369
赵娜娜	女	1979-06-13	24****197906132543	本科	2000.7.2	副主管	131****5231
刘晓晨	女	1990-05-15	37****199005153346	本科	2012.7.12	副主管	159****3654
樊硕	女	1990-06-18	37****199006184522	本科	2011.8.5	员工	136****2519

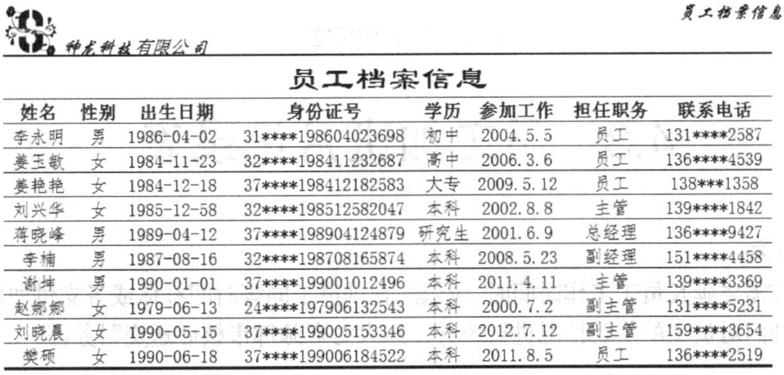

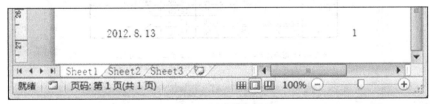

图 4-85　页眉页脚设置效果

2. 在页脚处添加时间日期和页码

（1）鼠标双击页眉，切换到【页眉页脚工具】栏中的【设计】选项卡，单击【页眉和页脚】组中的【页脚】按钮，在下拉列表中显示了 Excel 内置的页脚样式，用户可以从中选择一种合适的样式。

（2）将光标定位在【左】列表文本框中，单击【页眉和页脚元素】组中的【当前日期】按钮，再将光标定位在【中】文本框中，单击【页眉和页脚元素】组中的【页码】按钮，选择一种合适的页码格式。设置完后的效果如图 4-86 所示。

图 4-86　页脚设置效果

（3）单击 确定 按钮返回页面，此时在页面中显示出添加的信息。如果想要查看打印效果，可以单击 文件 按钮，然后从弹出的下拉菜单中选择【打印】选项，即可看到打印的预览效果。

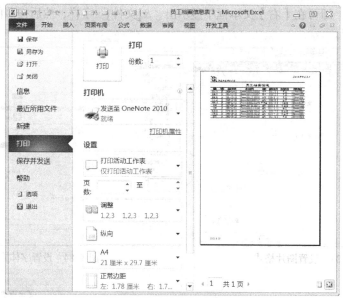

图 4-87　打印预览

4.3　员工加班月记录表

📖 **实例目标**

公司因工作需要延长员工工作时间时,应依法安排员工同等时间补休或者支付加班加点工资,这就需要行政部门对员工的加班情况进行统计,经人力资源部审核后送交财务部,由财务部统一发放加班费。

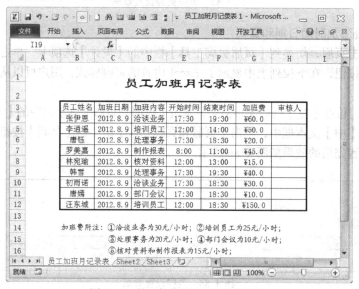

图 4-88　员工加班月记录表最终效果

🎵 **实例解析**

本例在制作之前,可以从以下几个方面进行分析和资料准备。

（1）**确定员工加班月记录表的内容**。员工加班月记录表中应该包含员工的姓名、加班日期、加班内容、开始时间、结束时间、加班费、审核人等情况。

（2）**制作员工加班月记录表**。制作过程非常简单，首先设计一个表头，然后输入各个项目、数据，制作附注，利用函数计算加班费，最后对表格进行设计美化即可。

（3）**在表格中输入数据**。本例中的数据输入主要包括在单元格中直接输入数据和利用数据有效性进行数据输入。

操作过程

结合上述分析，本例的制作思路如图 4-89 所示，涉及的知识点包括设计表格框架、添加附注、使用数据有效性输入数据、利用函数进行计算等。

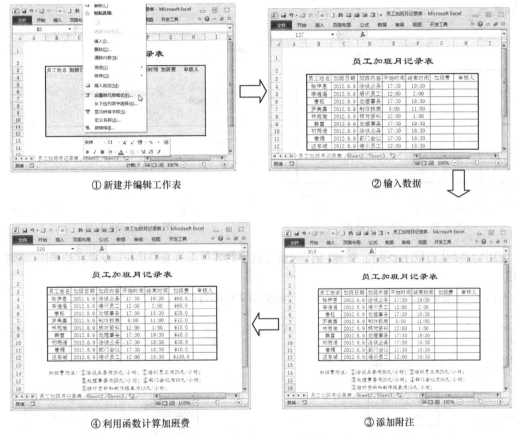

图 4-89　员工加班月记录表制作思路

下面将具体讲解本例的制作过程。

4.3.1　设计加班月记录表框架

员工加班月记录表主要包括员工姓名、加班日期、加班内容、开始时间、结束时间、加班费以及审核人等。

本实例原始文件和最终效果所在位置如下。	
原始文件	无
最终效果	素材\最终效果\04\员工加班月记录表.xlsx

1. 输入基本信息

要创建"员工加班月记录表",首先需要输入基本信息并进行格式设置。具体的操作步骤如下。

(1)新建一个空白工作簿,将其以"员工加班月记录表"为名称保存在适当的位置。将工作表"Sheet1"重命名为"员工加班月记录表",输入表格标题和列标题并设置格式,隐藏工作表的网格线,然后选中单元格区域"B3:H14",单击鼠标右键,在弹出的快捷菜单中选择【设置单元格格式】菜单项,如图4-90所示。

(2)随即弹出【设置单元格格式】对话框,切换到【对齐】选项卡,在【文本对齐方式】组合框中的【水平对齐】下拉列表中选择【居中】选项,如图4-91所示。

图4-90　设置单元格格式

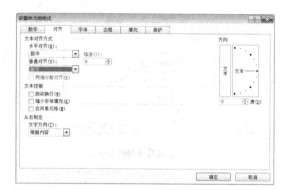

图4-91　设置字体

(3)切换到【边框】选项卡,按照【边框】组合框中的效果设置表格边框,设置完毕单击 确定 按钮。

(4)在表格中输入员工的加班信息,并调整第2行的行高。

图4-92　设置边框

图4-93　输入员工信息

2. 使用数据有效性填充加班内容

使用数据有效性功能可以很方便地对表格中的内容进行填充或者排序,具体的操作步骤如下。

(1)选中单元格区域D4:D12,切换到【数据】选项卡,单击【数据工具】组中的数据有效性按钮 数据有效性,随即弹出【数据有效性】对话框。

(2)切换到【设置】选项卡,在【允许】下拉列表中选择【序列】选项,在【来源】文本框中输入"洽谈业务，培训员工，处理事务，部门会议，核对资料，制作报表"，各字段之间用英文的逗号隔开，然后单击 确定 按钮。

（3）返回工作表，选中单元格 D4，单击单元格右侧的倒三角符号 ，在下拉列表中选择【洽谈业务】选项。

（4）按照上述方法，将加班内容依次填充至 D12 单元格中。

图 4-94　设置数据有效性

图 4-95　利用数据有效性填充数据

3．添加加班费附注

公司员工的加班内容不同，加班所获得的费用就不同，因此应在表格中添加加班费附注，以说明加班内容及加班费。

（1）选中单元格区域"B14:H16"，单击【格式】工具栏中的【合并后居中】按钮 和【左对齐】按钮 。

（2）在单元格中输入"加班费附注：①洽谈业务为 30 元/小时；②培训员工为 25 元/小时；③处理事务为 20 元/小时；④部门会议为 10 元/小时；⑤核对资料和制作报表为 15 元/小时；"，然后将字体设置为【华文楷体】，字号设置为【11】，如图 4-97 所示。

图 4-96　设置单元格格式

图 4-97　输入附注内容并设置字体

4.3.2　利用函数计算加班费

在计算员工的加班费时，由于员工的加班内容不同，所获得的加班费也就不同。

在"员工加班月记录表"中，根据员工的加班内容不同来划分员工每小时加班金额，具体内容如下表所示。

加班内容	每小时应得加班费
洽谈业务	30
培训员工	25
处理事务	20
部门会议	10
核对资料或制作报表	15

在计算员工的加班费之前，首先应判断出员工的加班内容，然后再确定员工应获得的加班费。

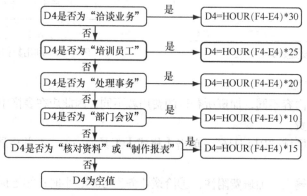

图 4-98　判断加班内容及加班费图解

由图 4-98 分析得出，需要用到 IF 函数和 HOUR 函数。下面介绍一下 HOUR 函数的功能。
语法格式：

HOUR(serial_number)

该函数的功能是返回小时数，即一个 0（12:00A.M.）到 23（11:00P.M.）的整数。

Serial_number 表示为一个时间值，其中包含要查找的小时。时间有多种输入方式：带引号的文本字符串（例如，"6:45 PM"）、十进制数（例如，0.78125 表示 6:45 PM），或者其他公式或函数的结果（例如，TIMEVALUE("6:45 PM")）。

需要说明的是：Microsoft Excel for Windows 和 Excel for Macintosh 使用不同的默认日期系统。时间值为日期值的一部分，并用十进制数来表示（例如，12:00 PM 可表示为 0.5，此时是一天的一半）。计算员工加班费的具体步骤如下。

本实例原始文件和最终效果所在位置如下。	
原始文件	素材\原始文件\04\员工加班月记录表 1.xlsx
最终效果	素材\最终效果\04\员工加班月记录表 1.xlsx

（1）打开本实例的原始文件，选中单元格 G4，然后输入以下公式。输入完毕按下【Enter】键，确认输入，即可求出计算结果。

=IF(D4="洽谈业务",HOUR(F4-E4)*30,IF(D4="培训员工",HOUR(F4-E4)*25,IF(D4="处理事务",HOUR(F4-E4)*20,IF(D4=" 部 门 会 议 ",HOUR(F4-E4)*10,IF(D4=" 核 对 资 料 ",HOUR(F4-E4)

*15,IF(D4="制作报表", HOUR(F4-E4)*15, ""))))))

（2）使用自动填充功能将此公式复制到单元格 G12 中，如图 4-100 所示。

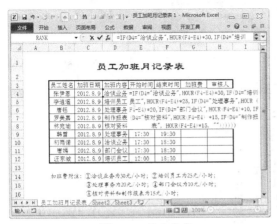
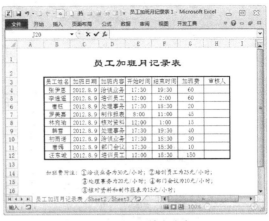

图 4-99　输入公式　　　　　　　　　　图 4-100　填充公式

（3）设置数字格式。选中单元格区域"G4:G12"，切换到【开始】选项卡，单击【字体】组右下角的【对话框启动框】按钮，弹出【设置单元格格式】对话框，切换到【数字】选项卡，在【分类】列表框中选择【货币】选项，在【小数位数】微调框中输入"1"，如图 4-101 所示。

（4）单击　确定　按钮返回工作表，即可看到设置的效果，如图 4-102 所示。

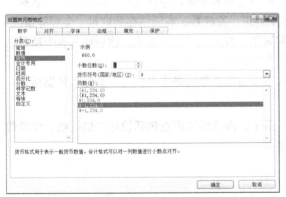

图 4-101　设置数字格式　　　　　　　　图 4-102　设置效果

4.4　办公用品盘点清单

📖 实例目标

在公司的日常管理中会涉及诸如办公用品等很细微的物品统计、清点等工作。如何高效率地实现此类物品的盘点显得尤为重要。本节介绍使用 Excel 制作办公用品盘点清单及其保护和打印清单的方法。

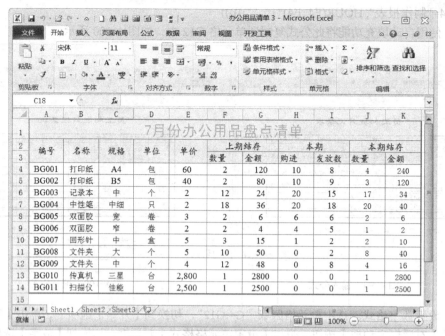

图 4-103　办公用品盘点清单最终效果

♪ **实例解析**

本例在制作之前，可以从以下几个方面进行分析和资料准备。

（1）**确定办公用品盘点清单的内容**。员工加班月记录表中应该包含统计物品的编号、名称、规格、单位、单价，上期结存的数量、金额，本期购进、发放数，本期结存的数量、金额等情况。

（2）**制作办公用品盘点清单**。制作过程非常简单，首先设计一个表头，然后输入各个项目、数据，美化表格，进行相关计算，最后添加页眉页脚即可。

（3）**在表格中输入数据**。本例中的数据输入主要包括在单元格中直接输入数据和数据填充。

操作过程

结合上述分析，本例的制作思路如图 4-104 所示，涉及的知识点包括设计表格框架、设置数字格式、利用函数进行计算、保护和打印工作表等。

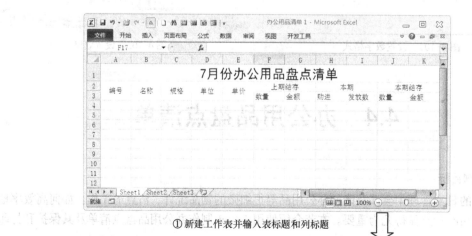

①新建工作表并输入表标题和列标题

图 4-104　七月份办公用品盘点清单制作思路

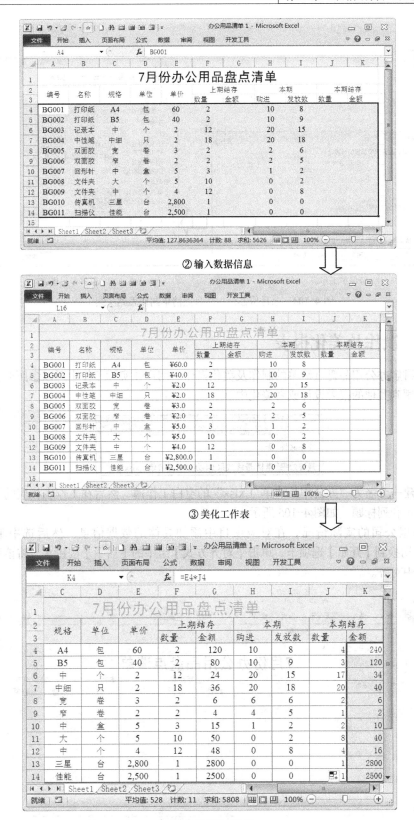

②输入数据信息

③美化工作表

④进行相关计算

图 4-104　七月份办公用品盘点清单制作思路（续）

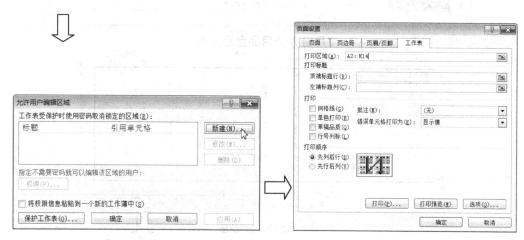

⑤ 保护工作表　　　　　　　　　⑥ 打印工作表

图 4-104　七月份办公用品盘点清单制作思路（续）

4.4.1　制作及美化报表

本小节讲解办公用品盘点清单的制作及美化操作。用户在实际工作中可以参照此方法举一反三，将其应用到其他的报表设计或者美化中。

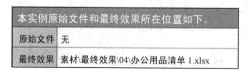

本实例原始文件和最终效果所在位置如下。	
原始文件	无
最终效果	素材\最终效果\04\办公用品清单 1.xlsx

（1）新建一个名为"办公用品清单 1.xlsx"的空白工作簿，然后在工作表相应的单元格中输入工作表标题和列标题，如图 4-105 所示。

（2）根据公司的实际情况，在对应项目中添加具体的数据信息。然后选中单元格区域"A4:K14"，切换到【开始】选项卡，单击【对齐方式】组中的【居中】按钮，将该区域中的数据设置为居中对齐。

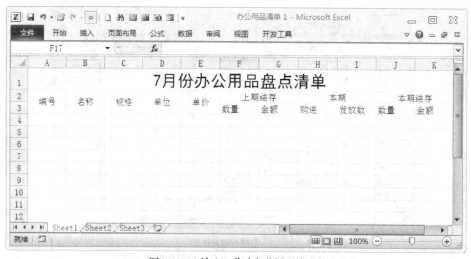

图 4-105　输入工作表标题和列标题

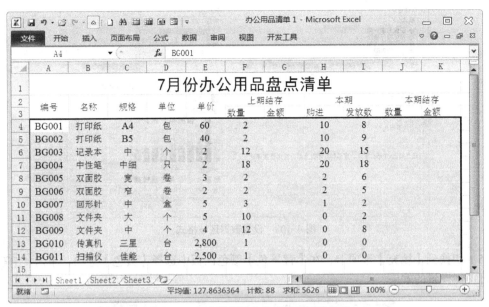

图 4-106 输入数据信息并设置单元格格式

（3）对工作表进行美化。首先选中工作表标题所在的单元格 A1，然后单击鼠标右键，在弹出的菜单中选择【设置单元格格式】菜单项，如图 4-107 所示。

（4）随即弹出【设置单元格格式】对话框，切换到【字体】选项卡，在【字体】列表框中选择【黑体】选项，在【字形】列表框中选择【常规】选项，在【字号】列表框中选择【20】选项，在【颜色】下拉列表中选择【浅绿】选项，如图 4-108 所示。

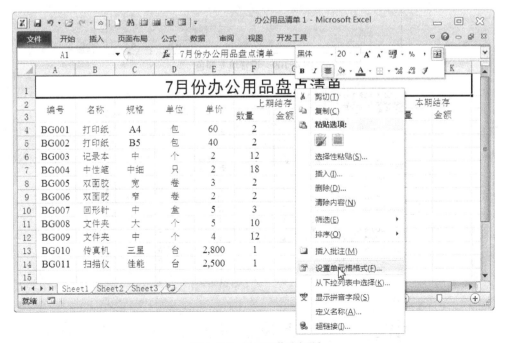

图 4-107 设置工作表标题

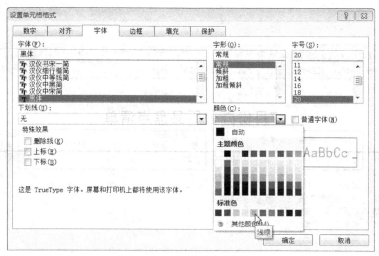

图 4-108　设置数据区域格式

（5）切换到【填充】选项卡，在【背景色】颜色面板中选择【黄色】选项，单击 ▭ 确定 ▭ 按钮即可得到设置的效果。

图 4-109　设置填充颜色

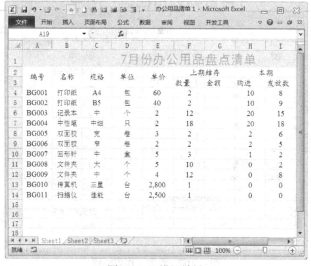

图 4-110　设置效果

（6）按照相同的方法完成其他单元格的字体、填充颜色等格式的设置。然后选中单元格区域"E4:E14"，单击鼠标右键，在弹出的快捷菜单中选择【设置单元格格式】菜单项。

（7）随即弹出【设置单元格格式】对话框，切换到【数字】选项卡，在【分类】列表框中选择【货币】选项，在【小数位数】微调框中输入"1"，其他选项保持默认设置，单击 ⬚确定⬚ 按钮，即可完成将所选区域设置为"货币"格式的操作。

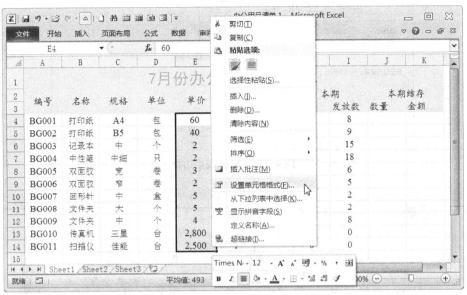

图 4-111　设置单元格格式

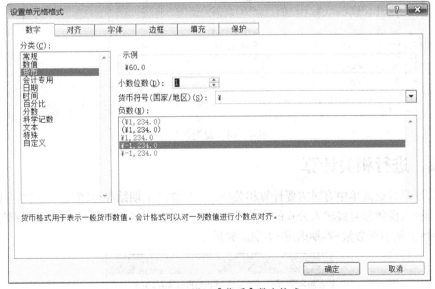

图 4-112　设置【货币】数字格式

（8）选中单元格区域"A1:K14"，为该区域添加边框。按照前面介绍的方法打开【设置单元格格式】对话框，切换到【边框】选项卡，选择合适的线条样式和颜色后，在【预置】组合框中分别单击【外边框】按钮⬚和【内部】按钮⬚，如图 4-113 所示。

（9）设置完毕单击 ⬚确定⬚ 按钮，即可得到美化后的数据报表，如图 4-114 所示。

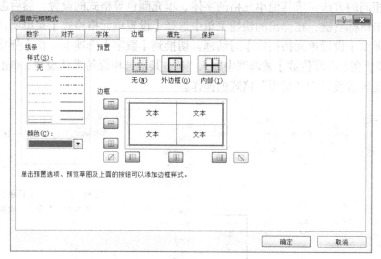

图 4-113　设置表格边框

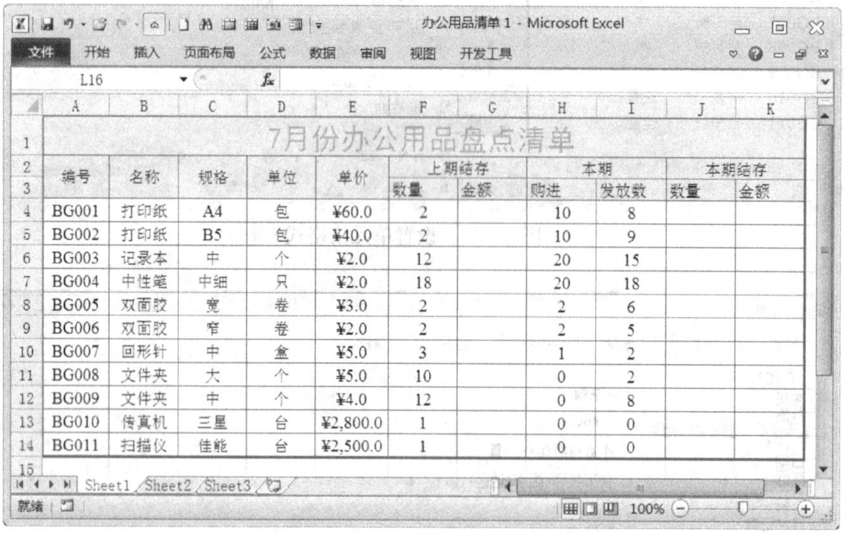

图 4-114　设置效果

4.4.2　进行相关计算

在办公用品盘点清单中有时需要计算相关项目，例如，"上期结存金额"、"本期结存数量"等。本小节利用插入函数和直接输入公式的方法进行相关的计算，其中"金额=单价*结存数量"，"本期结存数量=上期结存数量+本期购进-本期发放量"。

本实例原始文件和最终效果所在位置如下。	
原始文件	素材\原始文件\04\办公用品清单 2.xlsx
最终效果	素材\最终效果\04\办公用品清单 2.xlsx

（1）打开本实例的原始文件，首先计算"上期结存金额"。选中单元格 G4，切换到【公式】选项卡，单击【函数库】组中 Σ 自动求和 按钮右侧的下箭头按钮 ，在弹出的下拉菜单中选择【其他函数】选项。

（2）随即弹出【插入函数】对话框，在【或选择类别】下拉列表中选择【数学与三角函数】

选项，在【选择函数】列表框中选择【PRODUCT】选项，然后单击 确定 按钮。

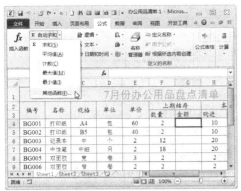

图 4-115　计算"上期结存金额"　　　　　　　　　　图 4-116　选择函数

（3）随即弹出【函数参数】对话框，在【Number1】文本框中输入"E4"，在【Number2】文本框中输入"F4"。用户也可以单击文本框右侧的【折叠】按钮，然后在工作表中选择相应的单元格或者单元格区域来设置参数，如图 4-117 所示。

（4）设置完毕单击 确定 按钮，即可得到计算结果，如图 4-118 所示。

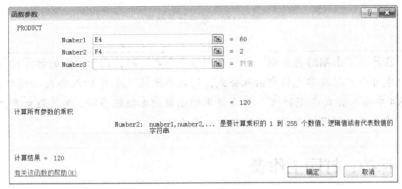

图 4-117　设置参数

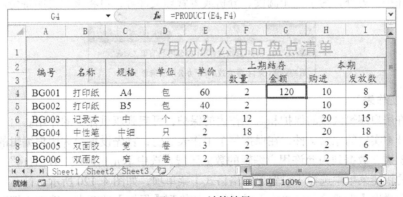

图 4-118　计算结果

（5）将鼠标移至单元格 G4 的右下角，当指针变为"＋"形状时按下不放，向下拖动至单元格 G14 即可完成公式的填充。接下来计算"本期结存数量"。在单元格 J4 中输入公式"=F4+H4-I4"，输入完毕按【Enter】键即可显示计算结果。在单元格 K4 中输入"=E4*J4"，即可算出“本期结存金额”，利用鼠标拖动的方法将此公式复制到单元格 J14 和 K14 中。至此就完成了办公用品盘点清单中相关项目的计算。

7月份办公用品盘点清单

规格	单位	单价	上期结存		本期		本期结存	
			数量	金额	购进	发放数	数量	金额
A4	包	60	2	120	10	8	4	240
B5	包	40	2	80	10	9	3	120
中	个	2	12	24	20	15	17	34
中细	只	2	18	36	20	18	20	40
宽	卷	3	2	6	6	6	2	6
窄	卷	2	2	4	4	5	1	2
中	盒	5	3	15	1	2	2	10
大	个	5	10	50	0	2	8	40
中	个	4	12	48	0	8	4	16
三星	台	2,800	1	2800	0	0	1	2800
佳能	台	2,500	1	2500	0	0	1	2500

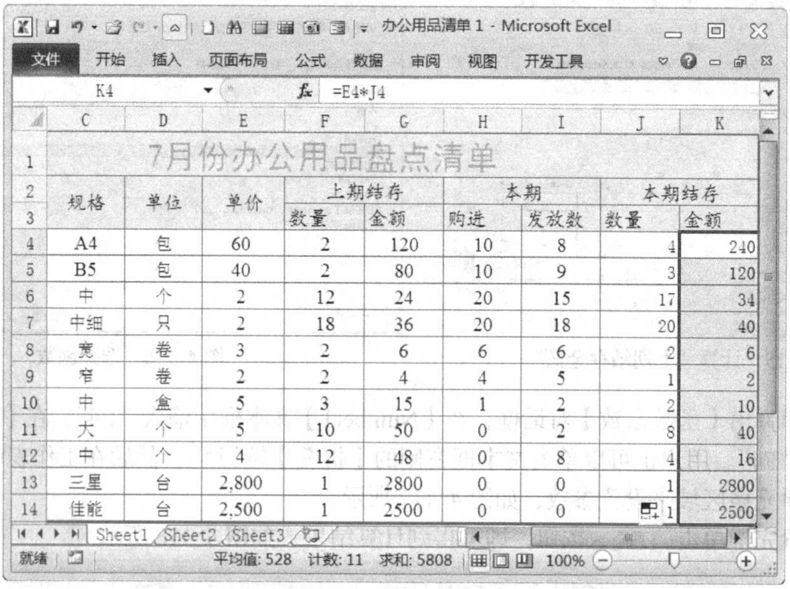

图 4-119　填充计算结果

提示　在计算“上期结存金额”和“本期结存金额”时，由于此处的计算比较简单，因此用户也可以直接在单元格中输入公式，即在单元格 G4 中输入公式“=E4*F4”，在单元格 K4 中输入公式“=E4*J4”。但当使用的函数的参数较多时，为了避免产生输入上的错误，建议用户利用插入函数的方法输入公式。

4.4.3　保护、打印工作表

为了防止他人更改工作表中数据信息，可对表单中的部分数据进行保护，同时也可以对整个工作表进行保护。另外，为了便于阅读、分析或者管理文件等，可将报表打印备份。

本实例原始文件和最终效果所在位置如下。	
原始文件	素材\原始文件\04\办公用品清单 3.xlsx
最终效果	素材\最终效果\04\办公用品清单 3.xlsx

1. 保护工作表

设置允许用户编辑区域的保护和对工作表的保护，可起到双重保护的作用。

（1）打开本实例的原始文件，在保护整个工作表之前，首先设置允许用户编辑的数据区域。例如设置“购进”数据列为允许用户编辑的数据区域。选中单元格区域“H4:H14”，单击鼠标右键，在弹出的快捷菜单中选择【设置单元格格式】菜单项，如图 4-120 所示。

（2）随即弹出【设置单元格格式】对话框，切换到【保护】选项卡，选中【锁定】复选框，然后单击 确定 按钮，如图 4-121 所示。

（3）切换到【审阅】选项卡，单击【更改】组中的 允许用户编辑区域 按钮，随即弹出【允许用户编辑区域】对话框，单击【新建】按钮。

（4）随即弹出【新区域】对话框，在【标题】文本框中输入区域名称“购进”，在【引用单元格】文本框中系统已经自动显示出当前所选中的单元格区域，用户也可以自行输入，或者单击文本框右侧的【折叠】按钮📧返回到工作表中选择，这里保持默认设置即可。接下来在【区域密码】文本框中输入设置的保护密码，在此输入"123"，然后单击 确定 按钮，如图 4-123 所示。

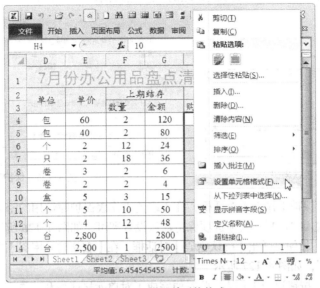

图 4-120　设置单元格格式

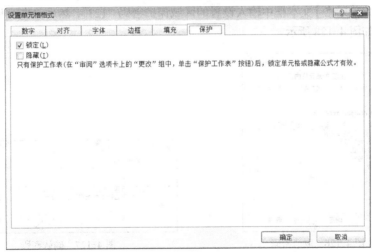

图 4-121　锁定工作表

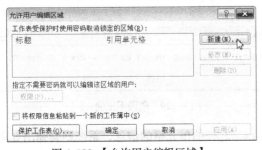

图 4-122　【允许用户编辑区域】

图 4-123　编辑【新区域】

（5）随即弹出【确认密码】对话框，在【重新输入密码】文本框中再次输入区域保护密码"123"，如图 4-124 所示。

（6）单击 确定 按钮，返回【允许用户编辑区域】对话框，此时在【工作表受保护时使用密码取消锁定的区域】列表框中即可显示新区域的信息，然后单击 保护工作表(O)... 按钮，如图 4-125 所示。

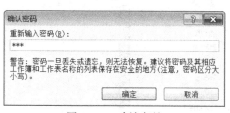

图 4-124　确认密码

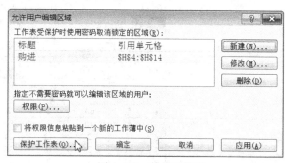

图 4-125　保护工作表

（7）随即弹出【保护工作表】对话框，在【取消工作表保护时使用的密码】文本框中输入相应的密码，例如，输入"123"，其他选项保持默认设置即可，如图 4-126 所示。

（8）单击 确定 按钮，弹出【确认密码】对话框，在【重新输入密码】文本框中再次输入工作表保护密码"123"，如图 4-127 所示。

（9）单击 确定 按钮返回工作表，此时便完成了对单元格区域和工作表的保护设置。如果对单元格区域"H4:H14"中的数据信息进行修改，系统将弹出【取消锁定区域】对话框，在【请输入密码以更改此单元格】文本框中输入设置的区域保护密码"123"，然后单击 确定 按钮即可进行修改操作，如图 4-128 所示。

图 4-126　取消密码

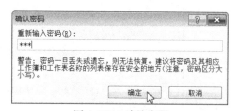

图 4-127　确认密码

（10）如果输入的密码不正确，则会弹出【Microsoft Excel】提示对话框，如图 4-129 所示。

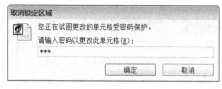

图 4-128　输入密码修改锁定单元格

图 4-129　密码不正确

（11）如果在工作表中修改单元格区域"H4:H14"之外的单元格的信息，系统则会弹出如图 4-130 所示对话框。

（12）用户只需单击 确定 按钮，返回工作表中，切换到【审阅】选项卡，单击【更改】组中的 ⬚撤消工作表保护 按钮即可。随即弹出【撤消工作表保护】对话框，如图 4-131 所示，在【密码】文本框中输入设置工作表保护的密码"123"，单击 确定 按钮返回工作表，此时即可对工作表进行修改。

图 4-130　提示信息

图 4-131　取消工作表保护

2. 打印工作表

在打印工作表之前，需要对工作表进行页面设置。打印时也分为打印整张工作表或者打印局部页面等情况。具体的操作步骤如下。

（1）切换到【页面布局】选项卡，单击【页面设置】组右下角的【对话框启动器】按钮，随即弹出【页面设置】对话框，切换到【页面】选项卡，在【方向】组合框中选中【纵向】单选钮，在【缩放】组合框中选中【缩放比例】单选钮，并在其微调框中输入"100"，在【纸张大小】下拉列表中选择【A4】选项，其他选项保持默认设置即可，如图 4-132 所示。

（2）切换到【页边距】选项卡，分别在【上】、【下】微调框中输入"3"，在【左】、【右】微调框中输入"2"，在【页眉】、【页脚】微调框中输入"1.3"，然后在【居中方式】组合框中选中【水平】复选框，如图 4-133 所示。

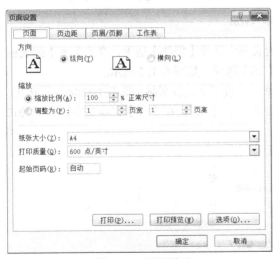

图 4-132　页面设置

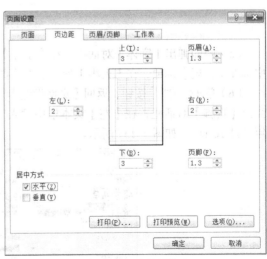

图 4-133　页边距设置

（3）切换到【页眉/页脚】选项卡，用户可以在【页眉】或【页脚】下拉列表中选择合适的选项。如果没有符合要求的选项，可以自定义页眉或者页脚。这里单击 自定义页眉(C)… 按钮。

（4）随即弹出【页眉】对话框，在【中】文本框中输入"7 月份办公用品盘点清单"，然后选中输入的文本，单击文本框上方的【字体】按钮 Ａ 。

图 4-134　自定义页眉

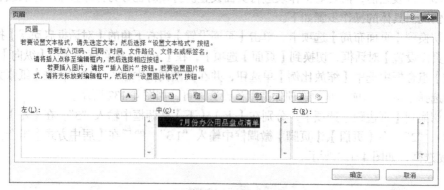

图 4-135　输入页眉

（5）随即弹出【字体】对话框，在【字体】列表框中选择【楷体】选项，在【字形】列表框中选择【常规】选项，在【大小】列表框中选择【16】选项，如图 4-136 所示。

（6）单击 确定 按钮，返回【页面设置】对话框。接下来设置页脚，单击 自定义页脚(U)... 按钮，弹出【页脚】对话框，在【左】文本框中输入"制作人：小雪"，在【右】文本框中输入"2012年 8 月 10 日"，如图 4-137 所示。

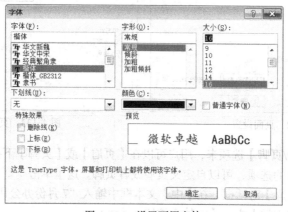

图 4-136　设置页眉字体

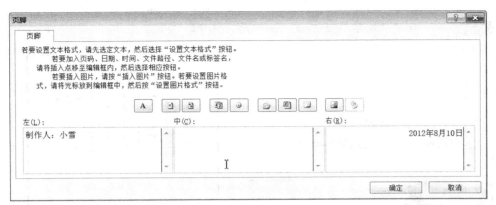

图 4-137　输入页脚

（7）单击 确定 按钮，返回【页面设置】对话框，至此就完成了页眉、页脚的设置，如图 4-138 所示。

（8）切换到【工作表】选项卡，从中可对打印区域、打印标题等进行设置。这里在【打印区域】文本框中输入"A2:K14"，如果要设置多个打印区域，可以用逗号（,）将每个引用的单元格区域分开。至此即完成了对工作表页面设置的操作，单击 确定 按钮即可。

图 4-138　完成【页眉页脚】设置

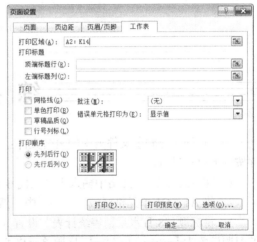

图 4-139　打印设置

　　设置打印区域时也可以将光标定位在文本框内，然后用鼠标直接在工作表中选择打印区域，选择的区域会自动出现在文本框中。但需要注意的是：在使用鼠标选择打印区域时，按下【Ctrl】键不放可选择多个区域，但每个区域都是单独打印的。若要将几个区域打印在一张纸上，可以先将这几个区域复制到同一个工作表中，然后再打印该工作表。也可以对不打印的区域进行隐藏设置。另外，在进行页面设置时，可以单击【页面设置】对话框中 打印预览(W) 按钮查看打印效果，如果不满意可以重新设置，直到满意为止。

（9）在工作表中单击 文件 按钮，从弹出的下拉菜单中选择【打印】菜单项，随即打开打印预览窗口，确认无误后，可直接在该窗口中单击【打印】按钮。

（10）从左侧的【设置】菜单中可以设置有关打印的相关属性。例如，使用哪一台打印机、打印机的属性、打印范围和打印的份数等，设置完毕单击 确定 按钮，即可开始打印。

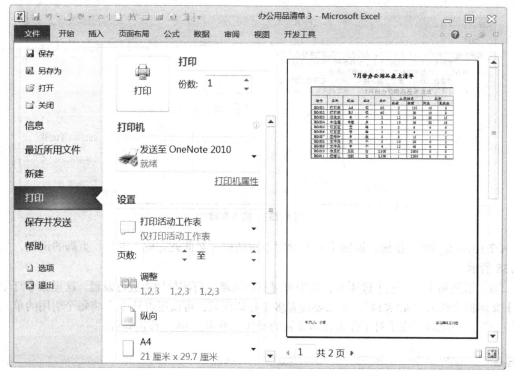

图 4-140　打印设置

练 兵 场

一、打开【习题】文件夹中的表格文件："练习题/原始文件/04/【8 月水果销售统计表】"，并按以下要求进行设置。

1. 在 A3：A14 单元格中输入【员工代号】为 "1-12"。

2. 将 A1：G1 单元格区域合并并居中，然后将 A2：G15 单元格区域的字体居中对齐。

3. 将标题 "8 月水果销售统计表" 设置为【20】号【隶书】，将 2：单元格区域 A2：G15 中的习题设置为【12】号【楷体】。标题单元格填充为【绿色】，A2：G2 单元格区域填充【黄色】，边框设置为【蓝色】。

4. 选中单元格 B2，然后将窗口冻结。

（最终效果见："练习题/最终效果/04/【8 月水果销售统计表】"）

二、打开【习题】文件夹中的表格文件："练习题/原始文件/04/【8 月水果销售统计表 1】"，并按以下要求进行设置。

1. 计算出各种水果的销售总额，并在单元格区域 F3：F14 中输入计算结果。

2. 计算出每种水果的净利润，并在单元格区域 G3：G14 中输入计算结果。

3. 计算出销售总额和净利润的合计数额，并在单元格 F15 与 G15 中输入计算结果。

4. 将进货价、收货价、销售总额、净利润等项目中的数据改为货币格式。

（最终效果见："练习题/最终效果/04/【8 月水果销售统计表 1】"）

　　三、打开【习题】文件夹中的表格文件："练习题/原始文件/04/【考生考试信息表】"，并按以下要求进行设置。

　　1. 利用函数，根据考生的身份证号计算出所有考生的性别与出生日期，并将计算结果输入到相应的单元格区域内。

　　2. 利用数据有效性，在单元格区域 C3:C15 内录入各考生的民族信息："汉族"、"满族"、"回族"、"维吾尔族"、"朝鲜族"。同样利用数据有效性在单元格区域 G3:G15 内录入各考生的考试科目信息："会计基础"、"财经法规"、"电算化"。

　　3. 将单元格区域 A1:G1 合并后居中，标题字体设置为【20】号【黑体】，颜色设置为【蓝色】。将单元格区域 A2:G15 中的字体设置为【12】号【仿宋】，颜色设置为【淡蓝色】，并居中对齐。

　　（最终效果见："练习题/最终效果/04/【考生考试信息表】"）

　　四、打开【习题】文件夹中的表格文件："练习题/原始文件/04/【考生考试信息表 1】"，并按以下要求进行设置。

　　1. 将整个工作表填充为白色，在"素材"文件夹中选择一张图片，并将其设置为工作表的背景图片，使该背景只在单元格区域 A1:G15 中显示出来。

　　2. 利用 Excel 2010 提供的数据单功能在表格中添加一条新的考生信息：姓名：王宏伟；民族：汉族；身份证号：370631198911291452；考试科目：电算化。

　　3. 将单元格区域 A1:C16 拍照，并将照片保存到工作表 Sheet2 中。

　　4. 将工作表"Sheet1"重命名为"考生考试信息表"并保存。

　　（最终效果见："练习题/最终效果/04/【考生考试信息表 1】"）

第5章
图表与数据透视表（图）

使用 Excel 2010 的图表与数据透视表功能，可以使表格中的数据更加直观且吸引人，具有较好的视觉效果。通过创建不同类型的图表，可以更容易地分析数据的走向和差异，便于预测趋势。本章介绍图表与数据透视表的相关知识。

5.1 销售预测分析

📖 实例目标

企业对产品的未来销售情况进行预测分析，可以了解产品的市场销售状况以及产品的销售效率。本节介绍使用 Excel 进行产品销售预测与分析的方法。

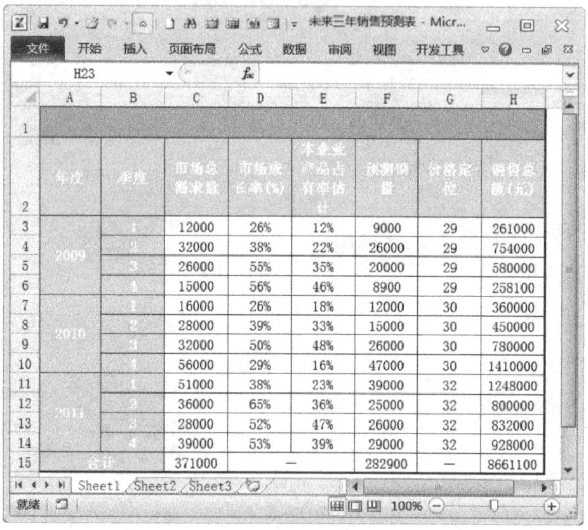

年度	季度	市场总需求量	市场成长率(%)	本企业产品占有率估计	预测销量	价格定位	销售总额(元)
	1	12000	26%	12%	9000	29	261000
2009	2	32000	38%	22%	26000	29	754000
	3	26000	55%	35%	20000	29	580000
	4	15000	56%	46%	8900	29	258100
	1	16000	26%	18%	12000	30	360000
2010	2	28000	39%	33%	15000	30	450000
	3	32000	50%	48%	26000	30	780000
	4	56000	29%	16%	47000	30	1410000
	1	51000	38%	23%	39000	32	1248000
2011	2	36000	65%	36%	25000	32	800000
	3	28000	52%	47%	26000	32	832000
	4	39000	53%	39%	29000	32	928000
合计		371000	—		282900	—	8661100

图 5-1　未来三年销售预测表最终效果

♪ 实例解析

本例在制作之前，可以从以下几个方面进行分析和资料准备。

（1）**确定未来三年销售预测表的内容**。未来三年销售预测表中应该包含年度、季度、市场总需求、市场成长率、本企业产品占有估计率、预测销量、价格定位、销售总额等情况。

（2）**制作销售统计表**。制作销售统计表首先要输入表头和各项目及数据，然后利用函数进行相关计算、创建年销售总额查询表、为表格插入图表、制作数据透视表。

（3）**在表格中输入数据**。本例中的数据输入主要涉及两种方式：一种是直接在单元格中输入；另一种是快速填充输入。

结合上述分析，本例的制作思路如图 5-2 所示，涉及的知识点有在工作表中输入数据、数据填充、利用函数进行相关计算、编辑工作表、定义名称、插入图表、制作数据透视表等内容。

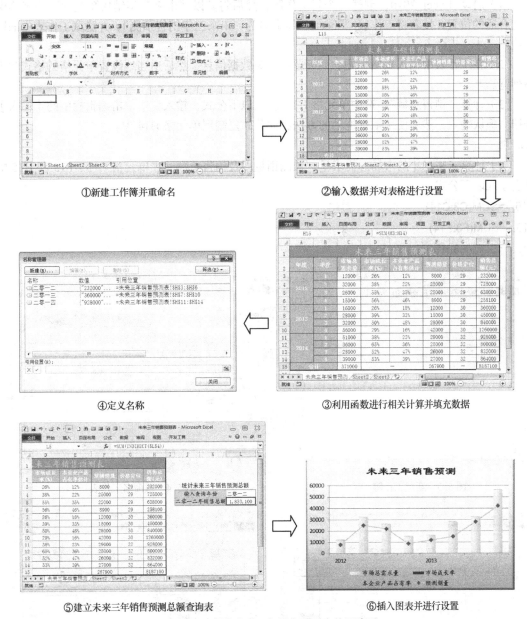

①新建工作簿并重命名　　　　②输入数据并对表格进行设置

④定义名称　　　　③利用函数进行相关计算并填充数据

⑤建立未来三年销售预测总额查询表　　　　⑥插入图表并进行设置

图 5-2　制作未来三年销售预测表的思路

下面将具体讲解本例的制作过程。

5.1.1　未来三年销售预测

销售状况对企业未来的发展起着至关重要的作用。本小节将介绍销售预测的方法。

本实例原始文件和最终效果所在位置如下。	
原始文件	无
最终效果	素材\最终效果\05\未来三年销售预测表.xlsx

1. 制作基本预测表

（1）启动 Excel 2010，创建一个新工作簿，然后将其以"未来三年销售预测表"为名称保存在合适的位置，接着将工作表"Sheet1"重命名为"未来三年销售预测"，并隐藏工作表中的网格线。

（2）在工作表中输入表格标题、列标题和相关数据信息，然后适当地设置单元格的格式和表格列宽。

（3）计算"销售总额"。选中单元格 H3，输入以下公式，输入完毕单击编辑栏中的【输入】按钮✔确认输入，然后使用鼠标拖动的方法将此公式复制到单元格 H14 中。

=G3*F3

（4）计算未来三年的市场总需求量、预测销量以及销售总额。在单元格 C15、F15 和 H15 中分别输入以下公式。

C15：=SUM(C3:C14)

F15：=SUM(F3:F14)

H15：=SUM(H3:H14)

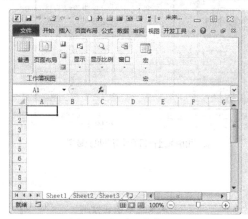

图 5-3　新建工作簿 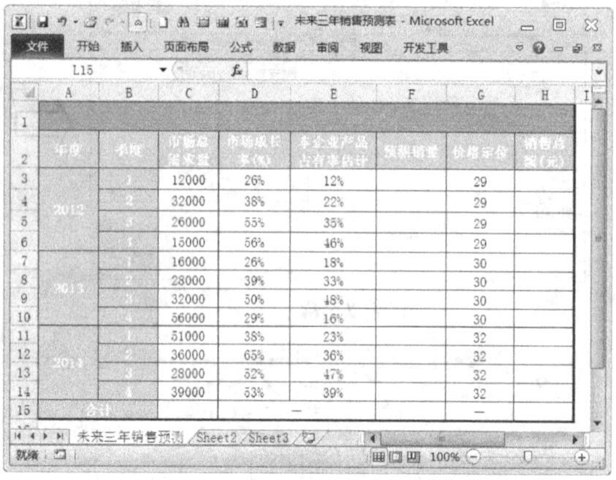　　　　　　　　　　图 5-4　重命名工作表

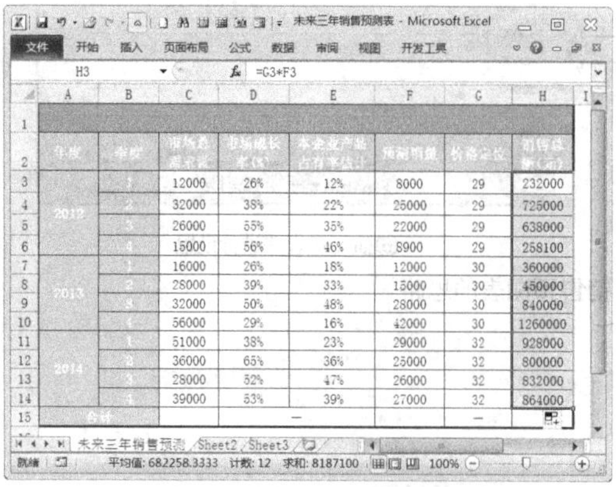

图 5-5　计算销售总额并填充数据 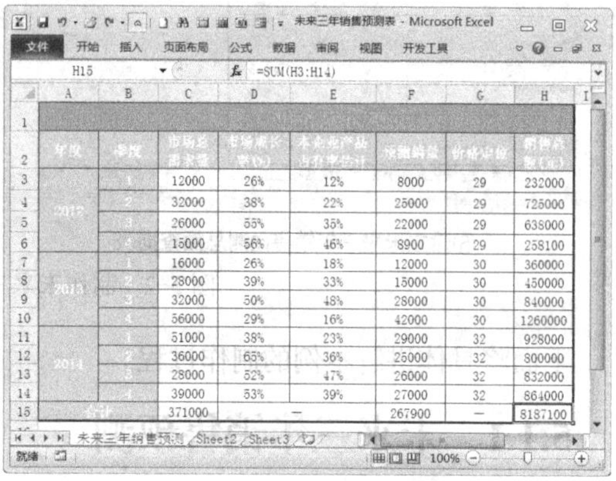　　　　　图 5-6　计算合计数据

2. 使用函数查询某年的销售总额

⚫ **了解相关函数**

使用 INDIRECT 函数可以快速统计出某一年的销售总额。下面介绍 INDIRECT 函数的相关知识。

语法格式：

INDIRECT(ref_text,a1)

该函数的功能是返回由文本字符串指定的引用，并且会立即对引用进行计算并显示其内容。

ref_text 为对单元格的引用，此单元格可以包含 A1-样式的引用、R1C1-样式的引用、定义为引用的名称或者对文本字符串单元格的引用。如果 ref_tex 不是合法的单元格的引用，则返回错误值#REF!。如果 ref_text 是对另一个工作簿的引用，则那个工作簿必须被打开。如果源工作簿没有打开，则返回错误值#REF!。

a1 为一逻辑值，指明包含在单元格 ref_text 中的引用的类型。如果 a1 为 TRUE 或省略，ref_text 被解释为 A1-样式的引用；如果 a1 为 FALSE，ref_text 被解释为 R1C1-样式的引用。

⚫ **定义名称**

了解了 INDIRECT 函数的相关知识之后，接下来使用该函数统计某年份的销售总额，在此之前，首先需要对表格中的单元格区域定义名称。具体的操作步骤如下。

（1）将光标定位在表格中的任意一个单元格中，然后切换到【公式】选项卡，单击【定义的名称】组中 □定义名称·按钮。随即弹出【新建名称】对话框，在【名称】文本框中输入"二零一二"，然后单击【引用位置】文本框右侧的【折叠】按钮，如图 5-7 所示。

（2）此时该对话框处于折叠状态，在工作表中选中单元格区域"H3:H6"，选择完毕单击【新建名称 - 引用位置：】对话框中的【展开】按钮，如图 5-8 所示。

图 5-7　新建定义的名称

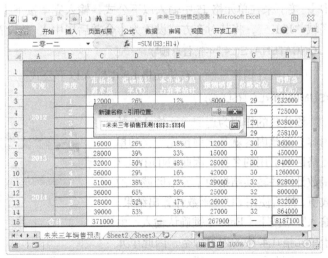

图 5-8　选择区域

（3）返回【新建名称】对话框，单击 确定 按钮即可。

（4）使用同样的方法定义"二零一三"和"二零一四"名称，将其引用位置分别指定为单元格区域"H7:H10"和"H11:H14"，设置完毕单击即可。

（5）切换到【公式】选项卡，单击【定义的名称】组中的【名称管理器】按钮，即可查看之前添加的所有应用名称，如图 5-9 所示。

图 5-9 【名称管理器】

定义名称时应遵循以下规则：定义的名称不能与单元格的名称相同，而且同一工作簿中的名称不能相同；名称的第 1 个字符必须是字母、汉字或者下划线；名称长度不能超过 255 个字符，并且字符之间不能有空格；字母不区分大小写。

● 使用函数统计某一年的销售总额

下面使用 INDIRECT 函数统计某年份的销售总额，具体的操作步骤如下。

（1）调整 I 列的列宽，然后在单元格 J3 中输入"统计未来三年销售预测总额"，选中单元格区域"J3:L3"，切换到【开始】选项卡，单击【对齐方式】组中的【合并后居中】按钮 。在单元格 J4 中输入"输入查询年份"，选中单元格区域"J4:K4"，将其对齐方式设置为【合并后居中】。接下来在单元格 J5 中输入以下公式，输入完毕按下【Enter】键确认输入，然后选中单元格区域"J5:K5"，将其对齐方式设置为【合并后居中】，并设置单元格的格式。

=CONCATENATE(L4,"年销售总额")

（2）统计销售总额。在单元格 L5 中输入以下公式。

=SUM(INDIRECT($L$4))

该公式的作用为返回单元格 L4 的内容，而此内容就是之前预先定义的单元格区域引用的名称，因此 INDIRECT 函数计算并转换结果为单元格区域中的数值，然后使用 SUM 函数计算出结果。输入完毕按下【Enter】键确认输入。由于单元格 L4 中的内容为空，因此单元格 L5 中显示出"#REF!"。

（3）当用户在单元格 L4 中输入定义的名称时，例如，输入"二零一二"，在单元格 L5 中就会求出 2012 年的销售总额结果"1,853,100"，并且单元格 K5 中的内容会自动变为"二零一二年销售总额"，如图 5-12 所示。

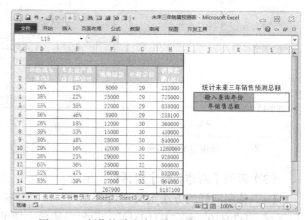

图 5-10 制作统计未来三年销售预测总额查询表

图 5-11　【输入查询年份】为空显示结果

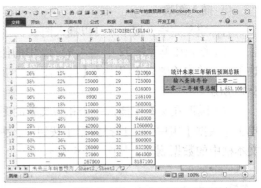

图 5-12　查询"二零一二"年销售预测总额

3. 创建按年份显示的动态图表

下面根据未来三年的销售预测情况来创建动态图表，具体的操作步骤如下。

● **定义名称**

在创建图表之前，首先为单元格区域定义名称。

（1）切换到【公式】选项卡，单击【定义的名称】组中 定义名称 按钮，弹出【新建名称】对话框。在定义名称的过程中，用户可以以列标题的首字母来命名。例如，定义"年度"，只需在【在当前工作簿中的名称】文本框中输入"nd"，然后在【引用位置】文本框中输入以下公式，如图 5-13 所示。

=OFFSET(未来三年销售预测!\$A\$3,0,0,未来三年销售预测!\$J\$2,1)

该公式的作用为计算比单元格 A3 靠下 0 行并靠右 0 列的 J2 行 1 列的区域的值，这里以单元格 J2 为链接单元格，设置完毕单击 确定 按钮。

（2）使用同样的方法分别为其他列标题定义名称。定义的名称和引用位置如下，如图 5-14 所示。

jd：=OFFSET(未来三年销售预测!\$B\$3,0,0,未来三年销售预测!\$J\$2,1)

sczxql：=OFFSET(未来三年销售预测!\$C\$3,0,0,未来三年销售预测!\$J\$2,1)

scczl：=OFFSET(未来三年销售预测!\$D\$3,0,0,未来三年销售预测!\$J\$2,1)

zyl：=OFFSET(未来三年销售预测!\$E\$3,0,0,未来三年销售预测!\$J\$2,1)

ycxl：=OFFSET(未来三年销售预测!\$F\$3,0,0,未来三年销售预测!\$J\$2,1)

jgdw：=OFFSET(未来三年销售预测!\$G\$3,0,0,未来三年销售预测!\$J\$2,1)

xsze：=OFFSET(未来三年销售预测!\$H\$3,0,0,未来三年销售预测!\$J\$2,1)

（3）设置完毕单击 确定 按钮，返回工作表。

图 5-13　新建名称

图 5-14　名称管理器

● 插入图表

名称定义完毕，接下来可以插入图表。

（1）首先在单元格 J2 中输入 1～12 中的任意一个数值，例如，输入"8"，然后切换到【插入】选项卡，单击【图表】组中的【柱形图】按钮 ，在下拉列表中选择【堆积柱形图】选项，如图 5-15 所示。

（2）随即在文本中插入一个相应类型的图表，切换到【图表工具】栏中的【设计】选项卡，单击【数据】组中的【选择数据】按钮 ，弹出【选择数据源】对话框，将【图表数据区域】文本框中的数据删除，如图 5-16 所示。

图 5-15　插入图表

图 5-16　删除【图表数据区域】中的数据

（3）单击【图表数据区域】文本框右侧的【折叠】按钮 ，将对话框折叠起来。鼠标选中单元格区域 C3：F10，然后单击【展开】按钮或按【Enter】键，展开【选择数据源】对话框，此时【图例项】系列中产生了四个系列，如图 5-17 所示。

（4）选择【系列 1】，单击 按钮，弹出【编辑数据系列】对话框，在【系列名称】文本框中输入"="市场总需求量""，【系列值】文本框中的值保持不变。然后单击 按钮，返回【选择数据源】对话框，如图 5-18 所示。

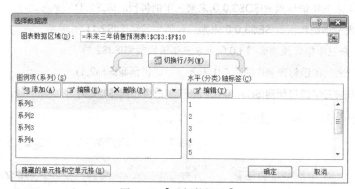

图 5-17　【选择数据源】

图 5-18　【编辑数据系列】

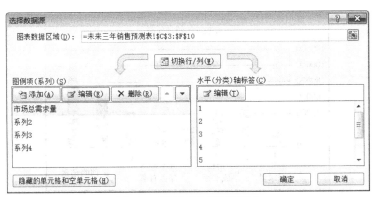

图 5-19　返回【选择数据源】

（5）使用同样的方法分别将系列 2、系列 3、系列 4 编辑为："市场成长率"、"本企业产品占有率"、"预测销量"，如图 5-20 所示。

（6）单击 [确定] 按钮，返回文本，切换到【图表工具】栏中的【布局】选项卡，单击【标签】组中的【图例】按钮，在下拉列表中选择【在底部显示图例】选项，效果如图 5-21 所示。

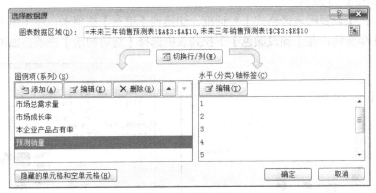

图 5-20　添加系列

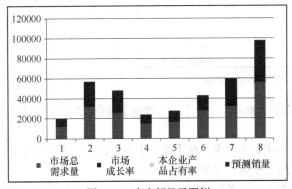

图 5-21　在底部显示图例

（7）同样单击【标签】组中的【图表标题】按钮，在下拉列表中选择【图表上方】选项，此时在图表上方插入了一个【图表标题】文本框，在文本框中输入"未来三年销售预测"。

（8）设置好后，拖动图表四个角中的任意一个，将其调整到合适的大小，并移动到合适位置即可，如图 5-22 所示。

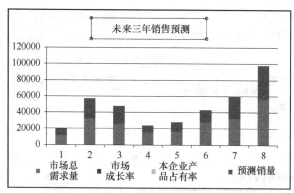

图 5-22　插入图表标题

● 设置图表格式

图表设计得清晰、明朗，可以更好地帮助用户比较和分析数据信息。下面对未来三年销售预测图表的格式进行设置，具体的操作步骤如下。

（1）设计图表格式。在图表区上单击鼠标右键，在弹出的快捷菜单中选择【设置图表区域格式】菜单项，如图 5-23 所示。

（2）随即弹出【设置图表区格式】对话框，切换到【填充】选项卡，在【填充】组合框中选中【渐变填充】单选钮，在【预设颜色】下拉列表中选择【雨后初晴】选项，如图 5-24 所示。

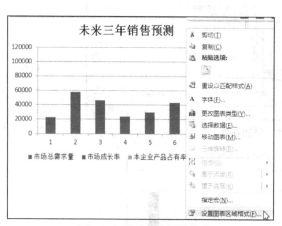

图 5-23　设置图表区域格式

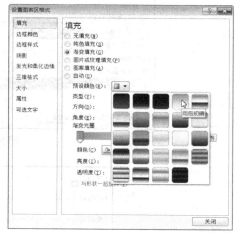

图 5-24　设置填充颜色

（3）切换到【边框颜色】选项卡，在【边框颜色】组合框中选择【无线条】单选钮，如图 5-25 所示。

（4）切换到【三维格式】选项卡，在【棱台】组合框中的【顶端】下拉列表中选择【圆】选项。设置完后单击【关闭】按钮，如图 5-26 所示。

（5）设置"市场总需求量"系列格式。在"市场总需求量"系列上单击鼠标右键，在弹出的快捷菜单中选择【设置数据系列格式】菜单项。

（6）在弹出的【设置数据系列格式】对话框中，切换到【填充】选项卡，在【填充】组合框中选择【渐变填充】选项，在【预设颜色】下拉列表中选择【雨后初晴】选项。将【渐变光圈】组合框下方滑块的中间的滑块删除。选中滑块，单击右侧的【删除渐变光圈】按钮 ▦ 即可。在【类型】下拉列表中选择【线性】选项，在【方向】下拉列表中选择【线性向左】选项。选中左侧滑块，单击【颜色】按钮 ，在下拉列表中选择【浅绿】选项，单击右侧滑块，在【颜色】下拉列表中选择【黄色】选项。切换到【三维格式】选项卡，在【表面效果】组合框中的【材料】下拉列表中选择【暖色粗糙】选项。

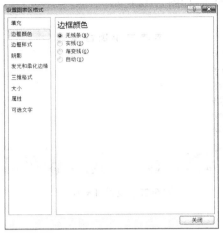

图 5-25　设置【边框颜色】

图 5-26　设置【三维格式】

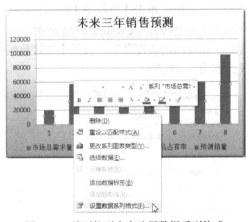

图 5-27　从下拉列表中选择数据系列格式

图 5-28　设置数据系列格式

（7）设置完后单击 ⬚关闭⬚ 按钮即可。接下来使用同样的方法对"预测销量"系列进行设置，设置效果如图 5-29 所示。

（8）选中横坐标轴，单击鼠标右键，在弹出的快捷菜单中选择【选择数据】菜单项，弹出【选择数据源】对话框。单击【水平（分类）轴标签】列表框中的 ⬚编辑(E)⬚ 按钮，弹出【轴标签】对话框。

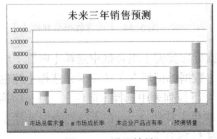

图 5-29　设置效果

图 5-30　【轴标签】对话框

（9）单击【轴标签区域】文本框右侧的【折叠】按钮，选中单元格区域 A3：A10，然后单击【展开】按钮或按【Enter】键，返回【选择数据源】对话框，单击 确定 按钮返回图表。

（10）选中图表标题，切换到【开始】选项卡，将字体设置为【隶书】，字号设置为【20】，然后选中图例，将字体设置为【楷体】，字号设置为【11】，如图 5-32 所示。

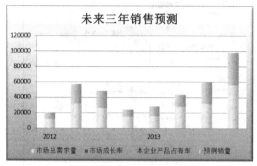

图 5-31　设置水平坐标轴

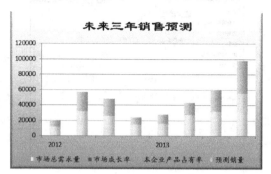

图 5-32　设置图表标题

● **更改数据系列类型**

在图表中用户可以根据实际需求更改数据系列的图表类型，具体的操作步骤如下。

（1）选中【预测销量】系列，切换到【图表工具】栏中的【设计】选项卡，单击【类型】组中的【更改图表类型】按钮，弹出【更改图表类型】对话框，单击【折线图】选项，在【折线图】组中选择【带数据标记的折线图】选项，单击 确定 按钮，效果如图 5-33 所示。

（2）选中【预测销量】数据系列，单击鼠标右键，在弹出的快捷菜单中选择【设置数据系列格式】菜单项，弹出【设置数据系列格式】对话框，如图 5-34 所示。

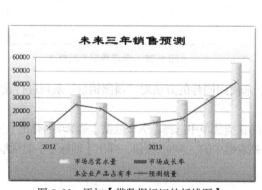

图 5-33　添加【带数据标记的折线图】

图 5-34　【设置数据系列格式】

（3）切换到【数据标记选项】选项卡，在【数据标志类型】组合框中选择【内置】单选钮，在【类型】下拉列表中选择【菱形】选项；切换到【数据标记填充】选项卡，选择【纯色填充】，弹出【填充颜色】组合框，单击【颜色】按钮，在下拉列表中选择【蓝色】选项；切换到【标记线颜色】选项卡，选择【实线】单选钮，单击【颜色】按钮，在下拉列表中选择【粉红】选项，单击 关闭 按钮，返回图表。设置效果如图 5-35 所示。

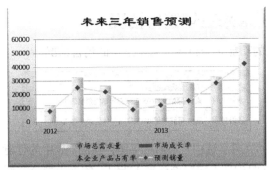

图 5-35　设置效果

● **动态查看图表数据**

用户可以在图表中添加滚动条来动态查看图表中的数据，具体的操作步骤如下。

4. 打印图表

图表设置完成后，就可以对图表进行打印输出，在打印之前，首先应预览一下设置的效果，以免因页面设置不当导致打印出的图表不完整。具体的操作步骤如下。

（1）设置打印图表选项。切换到【页面布局】选项卡，单击【页面设置】组右下角的【对话框启动器】按钮，弹出【页面设置】对话框，如图 5-36 所示。

（2）切换到【页边距】选项卡，将上下边距设置为【1.8】，左右边距设置为【1.6】，页眉页脚边距设置为【0.8】，在【居中方式】组合框中选择【水平】复选框。单击 打印预览(W) 按钮。

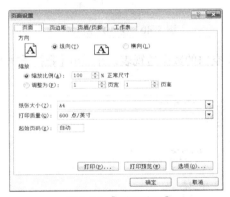

图 5-36　【页面设置】

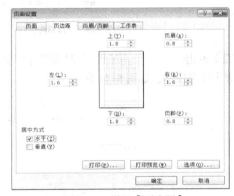

图 5-37　设置【页边距】

（3）弹出【打印预览】对话框，在【打印】组合框中将【份数】设置为【2】，在【设置】组合框中对将打印的工作表进行设置，完成后单击【打印】按钮即可。

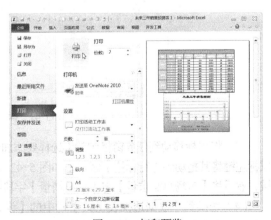

图 5-38　打印预览

5.1.2　透视分析未来三年销售情况

下面使用数据透视表的功能来分析企业未来三年的销售情况。

本实例原始文件和最终效果所在位置如下。	
原始文件	素材\原始文件\05\未来三年销售预测表 1.xlsx
最终效果	素材\最终效果\05\未来三年销售预测表 1.xlsx

（1）打开本实例的原始文件。选中"未来三年销售预测"表中的任意一个单元格，切换到【插入】选项卡，单击【表格】组中的【数据透视表】按钮 的下半部分按钮，在下拉列表中选择【数据透视表】选项。弹出【创建数据透视表】对话框，如图 5-39 所示。在【表/区域】文本框中输入"未来三年销售预测表!$A$2:$H$14"，在【位置】文本框中输入"未来三年销售预测表!$A$18"，如图 5-40 所示。

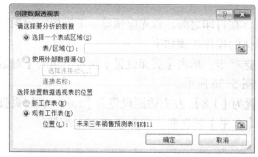

图 5-39　【创建数据透视表】对话框

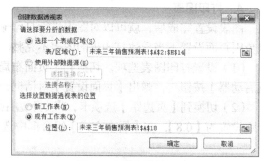

图 5-40　输入数据区域

（2）单击 确定 按钮。此时表格中插入了一个空白的数据透视表，并弹出【数据透视表字段列表】任务窗格，如图 5-41 所示。

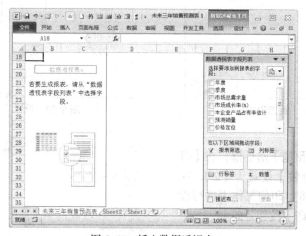

图 5-41　插入数据透视表

（3）将鼠标移动到任务窗格中的【选择要添加到报表的字段】列表框中的【年度】字段上，按住鼠标左键将其拖动到【行标签】区域，如图 5-42 所示，使用同样的方法将【季度】字段拖动到此区域，然后将【市场总需求量】与【预测销量】字段拖动到【数值】区域，如图 5-43 所示。

（4）切换到【数据透视表工具】栏中的【设计】选项卡，单击【布局】组中的【报表布局】按钮 ，在下拉列表中选择【以表格形式显示】选项，如图 5-44 所示。

图 5-42　拖动字段到相应区域

行标签	求和项:市场总需求量	求和项:预测销量
⊟2012	85000	63900
1	12000	8000
2	32000	25000
3	26000	22000
4	15000	8900
⊟2013	132000	97000
1	16000	12000
2	28000	15000
3	32000	28000
4	56000	42000
⊟2014	154000	107000
1	51000	29000
2	36000	25000
3	28000	26000
4	39000	27000
总计	371000	267900

图 5-43　数据透视表设置效果

（5）单击【布局】组中的【分类汇总】按钮，在下拉列表中选择【在组的底部显示所有分类汇总】选项，于是报表中出现了分类汇总，如图 5-45 所示。

年度	季度	求和项:市场总需求量	求和项:预测销量
⊟2012	1	12000	8000
	2	32000	25000
	3	26000	22000
	4	15000	8900
⊟2013	1	16000	12000
	2	28000	15000
	3	32000	28000
	4	56000	42000
⊟2014	1	51000	29000
	2	36000	25000
	3	28000	26000
	4	39000	27000
总计		371000	267900

图 5-44　【以表格形式显示】

年度	季度	求和项:市场总需求量	求和项:预测销量
⊟2012	1	12000	8000
	2	32000	25000
	3	26000	22000
	4	15000	8900
2012 汇总		85000	63900
⊟2013	1	16000	12000
	2	28000	15000
	3	32000	28000
	4	56000	42000
2013 汇总		132000	97000
⊟2014	1	51000	29000
	2	36000	25000
	3	28000	26000
	4	39000	27000
2014 汇总		154000	107000
总计		371000	267900

图 5-45　【分类汇总】

5.2　月度考勤统计表

📖 实例目标

在公司的日常人事管理中，考勤是一项十分重要的内容，为此人事部门可以制定一些相关的表格来记录员工的出勤、请假以及加班等情况。

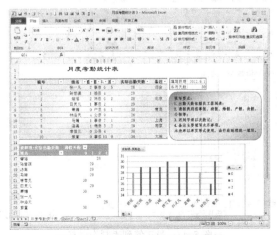

图 5-46　月度考勤统计表最终效果

♪ **实例解析**

本例在制作之前，可以从以下几个方面进行分析和资料准备。

（1）**确定月度考勤统计表的内容**。月度考勤统计表中应该包括员工的编号、姓名、请假天数、请假类别、迟到和早退次数、出差天数、实际出勤天数、备注等情况。

（2）**制作月度考勤统计表**。制作月度考勤统计表首先要创建一个员工签到表，给每个员工创建一个工作表，并以员工姓名重命名，然后在每个工作表中输入表头和各项目及数据，最后利用函数标出迟到和早退的日期。接下来创建月度考勤统计表，使用表样式对表格进行美化，并插入说明信息板块、数据透视表和数据透视图。

（3）**在表格中输入数据**。本例中涉及的数据输入方式主要有直接在单元格中输入、快速填充输入和利用数据有效性输入。

操作过程

结合上述分析,本例的制作思路如图 5-47 所示,涉及的知识点有使用符号标记出迟到或早退、利用函数进行计算、使用数据有效性输入数据、使用表样式美化工作表、固定显示行标题、使用数据透视表和数据透视图等内容。

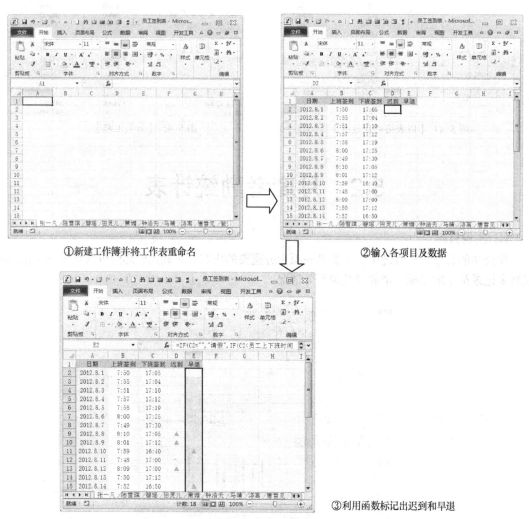

图 5-47　员工签到表制作思路

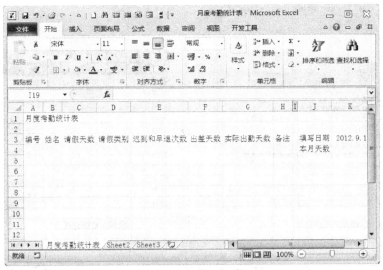

①创建月度考勤统计表并输入标题及各项目标题

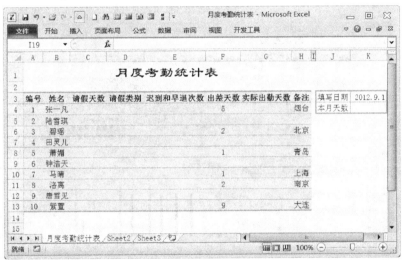

②设置表格格式

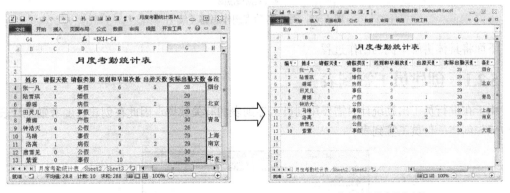

③利用函数计算出各项目数据　　　　　④套用表样式美化表格

图 5-48　月度考勤表制作思路

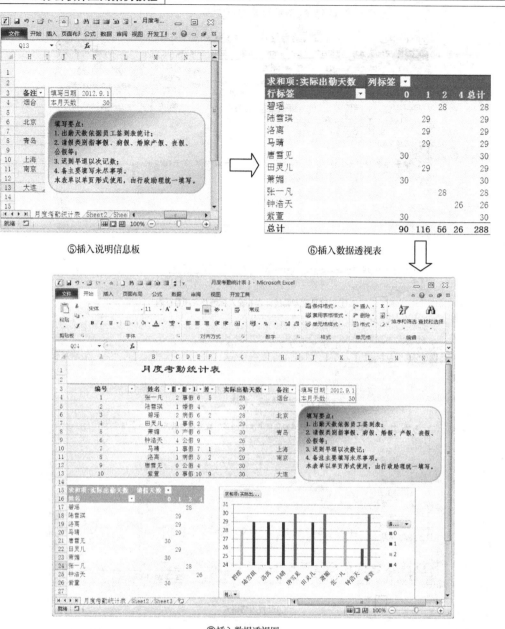

⑤插入说明信息板   ⑥插入数据透视表

⑦插入数据透视图

图 5-48　月度考勤表制作思路（续）

下面将具体讲解本例的制作过程。

5.2.1　创建员工签到表

由于在进行员工出勤统计时需要用到员工签到表的有关数据，因此在创建月度考勤统计表之前应该先创建一份员工签到表。

本实例原始文件和最终效果所在位置如下。	
原始文件	无
最终效果	素材\最终效果\05\员工签到表.xlsx

1. 创建员工签到表

员工签到表的内容应该包括日期、上班签到、下班签到、迟到和早退。下面介绍如何创建员工签到表。

● 创建员工签到表基本框架

（1）启动 Excel 2010，创建一个新工作簿，并将其以"员工签到表"为名称保存在适当的位置。将工作表"Sheet1"、"Sheet2"和"Sheet3"分别重命名为"张一凡"、"陆雪琪"和"碧瑶"，然后单击工作表标签栏中的【插入工作表】按钮 ，此时"碧瑶"工作表的后方插入了一个新的工作表"Sheet4"，将其重命名为"田灵儿"。

（2）按照相同的方法插入 6 个工作表，并将其重命名。用户可以拖动水平滚动条左侧的竖条，拖动到合适的位置后即可显示出所有的工作表。

图 5-49 新建工作簿并重命名工作表　　　　图 5-50 插入工作表并重命名

（3）在"张一凡"工作表中输入表格列标题，然后在单元格 A2 和 A3 中分别输入日期"2012-8-1"和"2012-8-2"，接着选中这两个单元格，将鼠标指针移至单元格 A3 的右下角，当鼠标指针变为"+"形状时，按住鼠标左键向下拖至单元格 A32，即可显示出 8 月份的所有日期。

（4）将单元格区域"A1:E32"的对齐方式设置为【居中】，然后对工作表进行格式化设置。

图 5-51 输入数据　　　　　　　　图 5-52 设置工作表

● 将当前工作表中的内容同时复制到其他工作表中

当其他工作表中的内容与当前工作表中的内容完全相同时，可以使用简单的方法将当前工作表中的内容一次性粘贴到其他工作表中。

（1）在"张一凡"工作表中选中单元格区域"A1:E32"，按【Ctrl】+【C】组合键复制，然后单击"陆雪琪"工作表，按住【Shift】键，选中最后一个工作表，选中单元格 A1，按【Ctrl】+【V】组合键，即可将"张一凡"工作表中的内容同时粘贴到选中的多个工作表中。用户单击任意一个工作表即可看到效果。

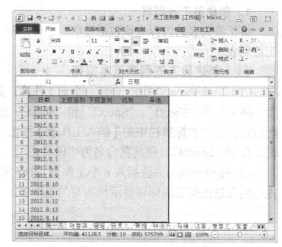

图 5-53 复制内容到其他工作表

（2）接着在每个工作表中输入员工的"上班签到"和"下班签到"的时间，并设置字体格式。

2. 使用符号标记出员工迟到或早退

假设员工上班时间为 8 点，下班时间为 17 点，对于迟到或者早退的员工可以使用符号做出标记，以便于统计迟到和早退的次数。

（1）首先在"张一凡"工作表之前插入一个名为"员工上下班时间规定"的工作表，从中输入相关内容，并设置格式。

（2）标记迟到的员工。切换到"张一凡"工作表中，然后按住【Shift】键，选中最后一个工作表，同时对这 10 个工作表进行编辑，接着在单元格 D2 中输入以下公式。

=IF(B2="","请假",IF(B2>员工上下班时间规定!$B$1,"▲",""))

图 5-54 插入新工作表并重命名

图 5-55 输入公式标记出迟到次数

（3）输入完毕，按【Enter】键，然后使用自动填充功能将此公式复制到单元格 D32 中，并设置单元格格式。

（4）标记出早退的员工。在单元格 E2 中输入以下公式，输入完毕，按【Enter】键确认输入，然后使用自动填充功能将此公式复制到单元格 E32 中，并设置单元格格式。

=IF(C2="","请假",IF(C2<员工上下班时间规定!$B$2,"▲",""))

图 5-56　填充公式

图 5-57　输入并填充公式，标记出早退次数

（5）切换到【开始】选项卡，单击【单元格】组中的【格式】按钮 格式，在下拉列表中选择【自动调整列宽】菜单项，调整列宽。

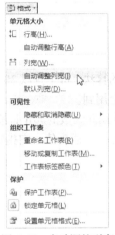

图 5-58　自动调整列宽

5.2.2　创建月度考勤统计表

员工的出勤率能够反映员工工作的积极性，只有员工的工作态度积极了，企业才能获得更长远的发展。"月度考勤统计表"用于监督员工的出勤情况，是企业考勤管理中必不可少的表单之一。

本实例原始文件和最终效果所在位置如下。	
原始文件	素材\原始文件\05\员工签到表.xlsx
最终效果	素材\最终效果\05\月度考勤统计表.xlsx

1. 相关公式和函数简介

在创建"月度考勤统计表"之前，首先介绍建立表格时需要用到的相关函数的知识。

● DAY 函数

语法格式：

DAY(serial_number)

DAY 函数的功能是返回一个月中的第几天的数值，用整数 1 到 31 表示。

serial_number 为要查找那一天的日期。

需要说明的是：Microsoft Excel 可将日期存储为可用于计算的序列号。默认情况下，1900 年 1 月 1 日的序列号是 1，而 2008 年 1 月 1 日的序列号是 39448，这是因为它距 1900 年 1 月 1 日有 39448 天。

● COUNTIF 函数

语法格式：

`COUNTIF(range,criteria)`

该函数的功能是计算某个区域中符合给定条件的单元格的个数。

range 为需要计算其中满足条件的单元格数目的单元格区域；criteria 为确定哪些单元格将被计算在内的条件，其形式可以为数字、表达式或者文本。例如，条件可以表示为 32、"32"、">32" 或者"apples"。

需要说明的是：Microsoft Excel 还提供其他函数，可用来基于条件分析数据。例如，若要计算基于一个文本字符串或某范围内的一个数值的总和，可以使用 SUMIF 工作表函数。若要使公式返回两个基于条件的值之一，例如，某指定销售量的销售红利，可以使用 IF 工作表函数。

● DAYS360 函数

语法格式：

`DAYS360(start_date,end_date,method)`

该函数的功能是按照一年 360 天的算法（每个月以 30 天计，一年共计 12 个月），返回两日期间相差的天数，这在一些会计计算中会用到。

start_date 和 end_date 是用于计算期间天数的起止日期。如果 start_date 在 end_date 之后，DAYS360 将返回一个负数。method 为一个逻辑值，它指定了在计算中是采用欧洲方法还是美国方法。

● EOMONTH 函数

语法格式：

`EOMONTH(start_date,months)`

该函数的功能是返回 start_date 之前或之后用于指示月份的该月最后一天的序列号。使用函数 EOMONTH 可以计算正好在特定月份中最后一天内的到期日或者发行日。

start_date 是代表开始日期的一个日期，month 为 start_date 之前或之后的月数。正数表示未来日期，负数表示过去日期。如果 months 不是整数，将截尾取整。

提示
若要查看序列号所代表的日期，先选中该日期所在的单元格，切换到【开始】选项卡，单击【字体】组右下角的【对话框启动器】按钮，弹出【设置单元格格式】对话框，切换到【数字】选项卡，然后在【分类】列表框中选择【日期】选项即可。

需要说明的是：如果 start_date 为非法日期值，函数 EOMONTH 则返回错误值#NUM!；如果 start_date 加 months 产生非法日期值，函数 EOMONTH 将返回错误值#NUM!。

2. 输入考勤项目

经过上述操作之后，下面开始创建"月度考勤统计表"，其项目包括编号、姓名、请假天数、请假类别、迟到和早退次数、出差天数、实际出勤天数以及备注等。

（1）创建一个新的空白工作簿，将其命名为"月度考勤统计表"，再将工作表"Sheet1"重命名为"月度考勤统计表"，然后在工作表中输入标题和考勤项目，并调整列宽。

（2）在表格中输入相关的数据信息，并对输入的内容进行格式化设置。

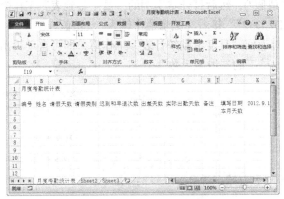

图 5-59 创建月度考勤统计表

图 5-60 输入数据并进行设置

3. 隐藏工作表网格线

为了使工作表更加美观清晰，可以将工作表的网格线隐藏起来。

具体操作步骤如下。

切换到【视图】选项卡，在【显示】组中撤选【网格线】复选框，如图 5-61 和图 5-62 所示。

图 5-61 隐藏网格线

图 5-62 设置效果

4. 计算员工请假天数

计算员工"请假天数"需要引用"员工签到表"中的数据信息，这里以计算"赵天浩"员工的"请假天数"为例。具体的操作步骤如下。

（1）在"月度考勤统计表"工作表中选中单元格 C4，输入公式"=COUNTIF([员工签到表.xlsx]、张一凡 | $D$2:$D$32，"请假")，然后打开本实例的"员工签到表"工作簿，单击"张一凡"工作表，选中单元格区域"D2:D32"，接着在编辑栏中输入"，"请假")"。

（2）按下【Enter】键返回"月度考勤统计表"工作簿，即可自动得出计算结果"2"。接下来按照相同的方法求出其他员工的"请假天数"。

图 5-63　输入公式统计请假天数

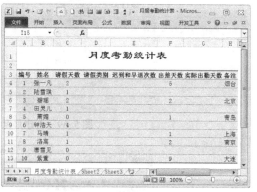
图 5-64　计算结果

5. 使用数据有效性输入请假类别

员工"请假类别"包括 6 种：事假、病假、婚假、产假、丧假和公假。在输入"请假类别"时，可以使用数据有效性来定义单元格序列，这样就可以直接在下拉列表中选择所需的数据。具体的操作步骤如下，如图 5-65 所示。

（1）选中单元格区域"D4:D13"，切换到【数据】选项卡，在【数据工具】组中单击【数据有效性】按钮。

（2）随即弹出【数据有效性】对话框，切换到【设置】选项卡，在【允许】下拉列表中选择【序列】选项，在【来源】文本框中输入"事假,病假,婚假,产假,丧假,公假"，","为英文状态下的逗号","，如图 5-66 所示。

图 5-65　数据有效性

图 5-66　设置【数据有效性】

（3）切换到【输入信息】选项卡，在【输入信息】文本框中输入"请输入请假类别"，如图 5-67 所示。

（4）切换到【出错警告】选项卡，在【样式】下拉列表中选择【警告】选项，在【标题】文本框中输入"输入错误"，在【错误信息】列表框中输入"您输入的请假类别有误，请从下拉列表中选择"，如图 5-68 所示。

图 5-67　【输入信息】

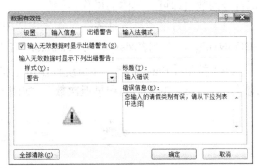

图 5-68　【出错警告】

（5）设置完毕单击 确定 按钮，返回工作表，此时单击设置了数据有效性的单元格，在其右侧就会出现一个下箭头按钮 和提示信息 "请输入请假类别"，如图 5-69 所示。

（6）单击下箭头按钮 ，在弹出的下拉列表中选择请假类别，如图 5-70 所示。

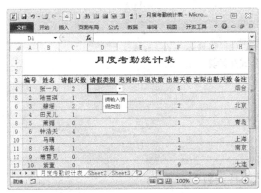

图 5-69　提示信息

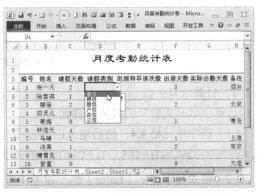

图 5-70　从下拉列表中选择

（7）如果输入的请假类别不在设置的有效序列中，则会弹出【Microsoft Excel】提示对话框，提示输入错误，如图 5-71 所示。

（8）在单元格区域 "D5:D13" 中进行选择输入，效果如图 5-72 所示。

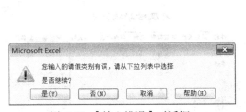

图 5-71　【输入错误】对话框

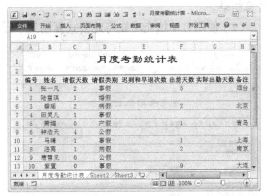

图 5-72　选择输入数据

6. 统计员工迟到和早退次数

在 "员工签到表" 中已经使用符号 "▲" 标记出员工的迟到和早退，现在只需统计出含有标记符号的数目即可。具体的操作步骤如下。

（1）在"月度考勤统计表"工作表中选中单元格 E4，然后输入以下公式。

=COUNTIF([员工签到表.xlsx]张一凡!$D$2:$E$32,"▲")

（2）按下【Enter】键，即可统计出员工张一凡的"迟到和早退次数"。按照同样的方法可以统计出其他员工的"迟到和早退次数"，如图 5-73 所示。

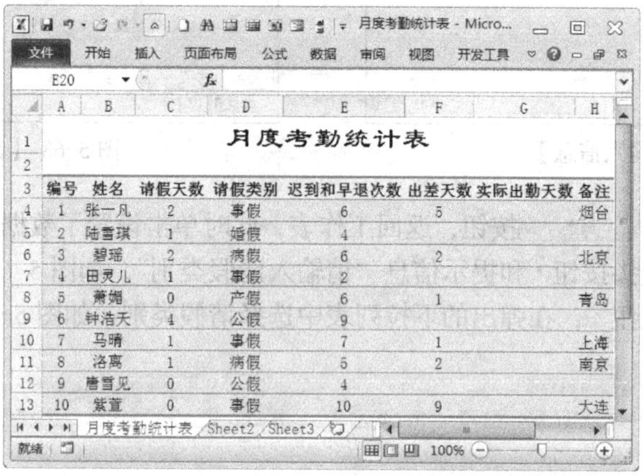

图 5-73　输入公式并计算

7. 计算本月天数

计算"本月天数"的具体步骤如下。

（1）选中单元格 K4，然后输入以下公式。

=DAYS360(EOMONTH($K$3,-1),EOMONTH($K$3,0))

（2）输入完毕按下【Enter】键，即可计算出"本月天数"。

8. 计算实际出勤天数

由于上面已经计算出"本月天数"，因此可以直接用"本月天数"减去"请假天数"。如果没有"本月天数"这一字段，则可使用 DAY 函数来计算。下面分别介绍使用这两种方法计算"实际出勤天数"。

（1）选中单元格 G4，然后输入公式"=$K$4-C4"，输入完毕按下【Enter】键确认，即可求出计算结果。

（2）使用自动填充功能将此公式复制到单元格 G13 中，并设置单元格格式，如图 5-75 所示。

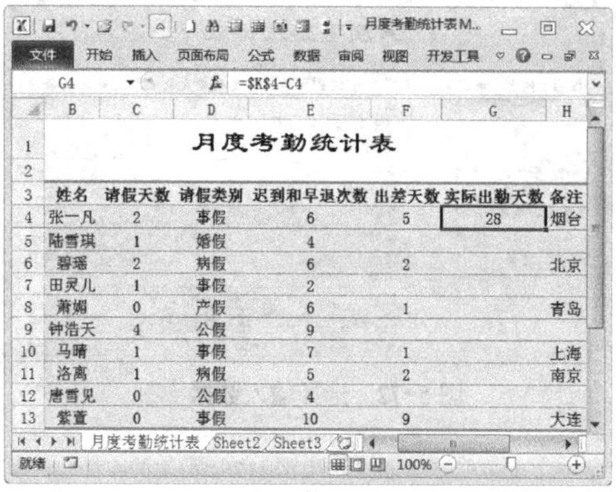

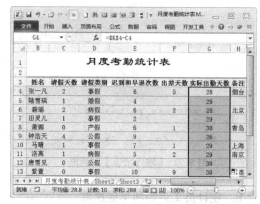

图 5-74　计算实际出勤天数　　　　　　　图 5-75　填充数据

5.2.3　美化月度考勤统计表

"月度考勤统计表"制作完成后，需要对其进行美化设置。例如，使用自动套用表格格式以及表样式进行美化等。

本实例原始文件和最终效果所在位置如下。	
原始文件	素材\原始文件\05\月度考勤统计表 1.xlsx
最终效果	素材\最终效果\05\月度考勤统计表 1.xlsx

1.　使用自动套用表格格式

Excel 2010 提供有自动套用格式的功能，用户可以直接套用这些格式。

（1）打开本实例的原始文件，选中单元格区域 "A3:H18"，选择切换到【开始】选项卡，单击【样式】组中的 套用表格格式 · 按钮，在下拉菜单中选择【表样式浅色 7】。

（2）选择完毕返回工作簿中，即可看到套用的表格样式。

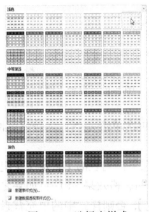

图 5-76　选择表样式

图 5-77　设置效果

2.　新建表样式

建立新的表样式，可以对选定的单元格区域字体、边框、图案等进行设置。

（1）切换到【开始】选项卡，单击【样式】组中的 套用表格格式 · 按钮，在下拉列表中选择【新建表样式】选项。弹出【新建表快速样式】对话框，如图 5-78 所示。

（2）此时【名称】默认为【表样式 1】，用户可以根据自己的需要进行修改，单击 格式(F) 按钮，弹出【设置单元格格式】对话框，切换到【边框】选项卡，并进行设置，如图 5-79 所示。

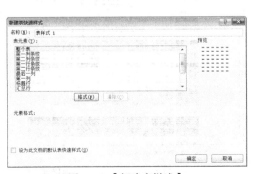

图 5-78　【新建表样式】

图 5-79　设置表格边框

（3）切换到【填充】选项卡，单击 填充效果(I)... 按钮，弹出【填充效果】对话框，如图 5-80 所示。

（4）在【颜色】组合框选中【双色】单选钮，然后在【颜色 1】下拉列表中选择【白色】选项，在【颜色 2】下拉列表中选择【水绿色，强调文字颜色 5，淡色 40%】选项，在【底纹样式】组合框中选择【中心辐射】单选钮。

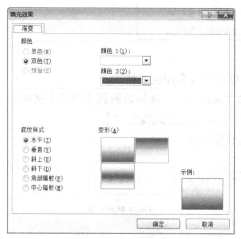

图 5-80 【填充效果】

图 5-81 设置【填充效果】

（5）单击 确定 按钮返回【设置单元格格式】对话框，再次单击 确定 按钮返回工作簿，即可完成对"表样式 1"样式的创建。

（6）选中单元格区域"A3:H3"，单击 套用表格格式 按钮，在下拉列表的【自定义】组中选择刚刚创建的表格样式【表样式 1】。此时便可看到套用此样式后的表格效果。（注：如果之前对表格进行了颜色填充，需将表格区域填充效果设置为【无填充颜色】，否则样式中的填充背景将被填充颜色覆盖而无法显示）。

（7）删除多余的样式。按照前面介绍的方法打开【套用表格格式】下拉列表，鼠标右键单击【自定义】组中的【表样式 1】，在弹出的快捷菜单中选择【删除】选项即可删除该样式。

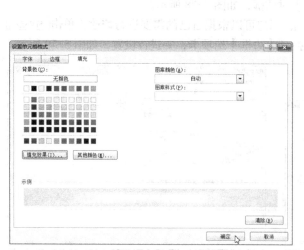

图 5-82 返回【设置单元格格式】对话框

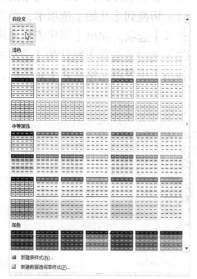

图 5-83 选择自定义表样式

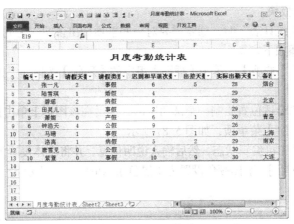

图 5-84　设置效果

5.2.4　规范月度考勤统计表

为了使"月度考勤统计表"更加规范得体，可以对其进行更细致地操作。例如，冻结工作表窗格以及添加说明信息板块等。

本实例原始文件和最终效果所在位置如下。
原始文件　素材\原始文件\05\月度考勤统计表 2.xlsx
最终效果　素材\最终效果\05\月度考勤统计表 2.xlsx

1. 固定显示标题行

固定显示表格标题、列标题、填写日期和本月天数 4 行区域的具体步骤如下。

（1）打开本实例的原始文件，选中单元格 A5，然后切换到【视图】选项卡，单击【窗口】组中的【冻结窗格】按钮，在下拉列表中选择【冻结拆分窗格】选项。

（2）工作表中会出现一条黑色冻结线，在其上方的 4 行标题行都被"冻结"。在拖动垂直滚动条浏览窗格时，第 1 行至第 4 行的内容保持不变并且始终可见。

（3）按【Ctrl】+【Home】组合键即可快速定位到冻结线的位置。

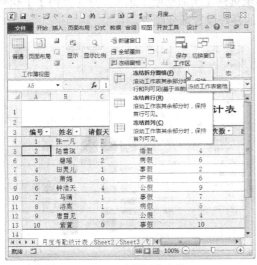

图 5-85　冻结拆分窗格

图 5-86　冻结窗格后显示效果

2．制作说明信息板块

在填写"月度考勤统计表"时，通常需要对一些事项做出说明，为此可以制作一个说明信息板块。具体的操作步骤如下。

（1）切换到【插入】选项卡，单击【插图】组中的【形状】按钮 ，在弹出的下拉列表中选择【圆角矩形】选项。

（2）在工作表中的合适位置绘制一个圆角矩形，然后在该图形上单击鼠标右键，在弹出的快捷菜单中选择【编辑文字】菜单项，如图5-87所示。

（3）此时该图形处于可编辑状态，然后输入说明信息，并将字体设置为【仿宋】，字号设置为【11】，字形设置为【加粗】，字体颜色设置为【黑色】，如图5-88所示。

图5-87　编辑文字

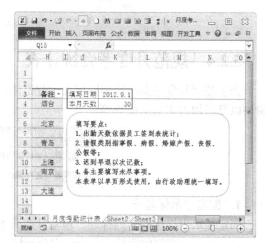

图5-88　设置字体格式

（4）在图形上单击鼠标右键，在弹出的快捷菜单中选择【设置形状格式】菜单项，如图5-89所示。

（5）随即弹出【设置形状格式】对话框，切换到【填充】选项卡，选择【渐变填充】选项，在【预设颜色】下拉列表中选择一种预设颜色，这里选择【雨后初晴】选项，在【方向】下拉列表中选择【线性对角-左上到右下】，然后根据自己的喜好设置渐变颜色。

图5-89　设置形状格式

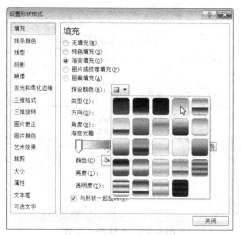

图5-90　设置填充效果

（6）切换到【线条颜色】选项卡，选择【实线】单选钮，在【颜色】下拉列表中选择【蓝色】选项。

（7）切换到【文本框】选项卡，在【文字版式】组合框中的【垂直对齐方式】下拉列表中选择【中部居中】选项。

图 5-91　设置【线条颜色】

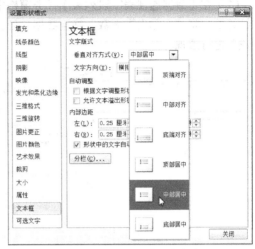

图 5-92　设置文字对齐方式

（8）单击 关闭 按钮返回工作表，设置效果如图 5-93 所示。

图 5-93　设置效果

5.2.5　使用数据透视表和数据透视图

使用数据透视表和数据透视图对"月度考勤统计表"进行分析，可以更加直观、清晰地显示员工的数据信息。

本实例原始文件和最终效果所在位置如下。	
原始文件	素材\原始文件\05\月度考勤统计表 3.xlsx
最终效果	素材\最终效果\05\月度考勤统计表 3.xlsx

1. 创建数据透视表

使用数据透视表向导功能可以快速地创建数据透视表，具体的操作步骤如下。

（1）打开本实例的原始文件，切换到【插入】选项卡，单击【表格】组中的【数据透视表】按钮的下半部分按钮，在下拉列表中选择【数据透视表】选项，随即弹出【创建数据透视表】对话框，将【表/区域】选择为单元格区域 B3：H13，【位置】选择为单元格 B15，然后单击 确定 按钮返回工作表，此时工作表中便插入了一张空白的数据透视表。

（2）在【数据透视表字段列表】任务窗格中将"姓名"拖至行标签处，将"请假天数"拖至列标签处，将"实际出勤天数"拖至数据项处，此时即可对"月度考勤统计表"中的"实际出勤天数"进行透视。

图 5-94　插入数据透视表

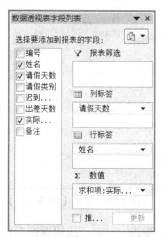

图 5-95　拖动字段到相应的区域

（3）切换到【数据透视表工具】栏中的【设计】选项卡，单击【布局】组中的【报表布局】按钮，在下拉列表中选择【以表格形式显示】选项。

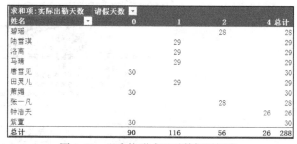

图 5-96　数据透视表　　　　　　　　　图 5-97　以表格形式显示数据透视表

2. 隐藏数据透视表中的汇总项

数据透视表中的汇总项是可以显示或者隐藏的，用户可以根据实际情况显示或者隐藏"列总计"和"行总计"。

（1）切换到【数据透视表工具】栏中的【设计】选项卡，单击【布局】组中的【总计】按钮，在下拉列表中选择【对行和列禁用】选项。

（2）此时数据透视表中"列总计"项和"行总计"项都被隐藏起来。

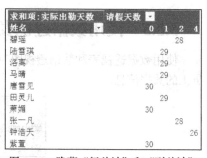

图 5-98　隐藏"行总计"和"列总计"

3. 只显示要查看的数据项

默认情况下，数据透视表中的每一个字段的下拉列表中选择的都是【全部】选项，用户可以根据实际情况只显示需要查看的数据项。例如，在"月度考勤透视表"中只显示姓名为文佳、宋琪、张优、董斌和徐爱志的出勤信息，具体的操作步骤如下。

（1）单击【姓名】字段右侧的下箭头按钮▼，在弹出的下拉列表中取消选择【碧瑶】、【陆雪琪】、【洛离】、【马晴】等复选框。

（2）单击 ▢确定▢ 按钮，此时工作表中取消选择的项目都已被隐藏起来。

图 5-99　取消选择显示的项目

图 5-100　显示结果

4．自动套用数据透视表格式

数据透视表创建完毕，接下来可以使用 Excel 2003 提供的自动套用格式功能对其进行美化，以增加视觉效果。

（1）切换到【数据透视表工具】栏中的【设计】选项卡，在【数据透视表样式】组中选择一种适合的表样式，当鼠标移动到相应的表样式上，数据透视表便会显示出套用后的预览效果，这里选择【数据透视表样式中等深浅 11】选项。

（2）取消自动套用格式。切换到【数据透视表工具】栏中的【设计】选项卡，单击【数据透视表样式】组右下角的【其他】按钮▼，在下拉列表中选择【清除】选项即可。

图 5-101　选择数据透视表样式

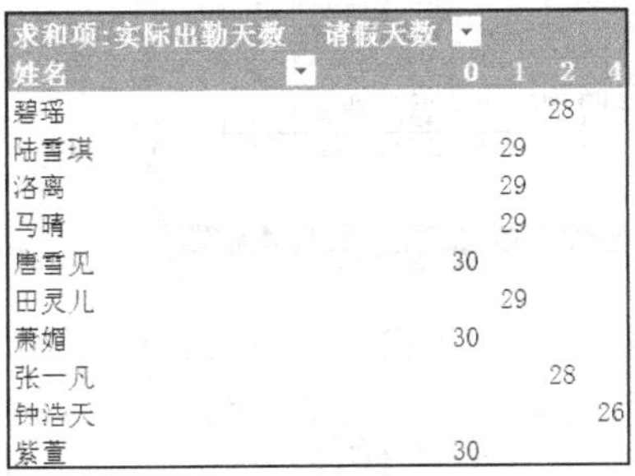

图 5-102　套用效果 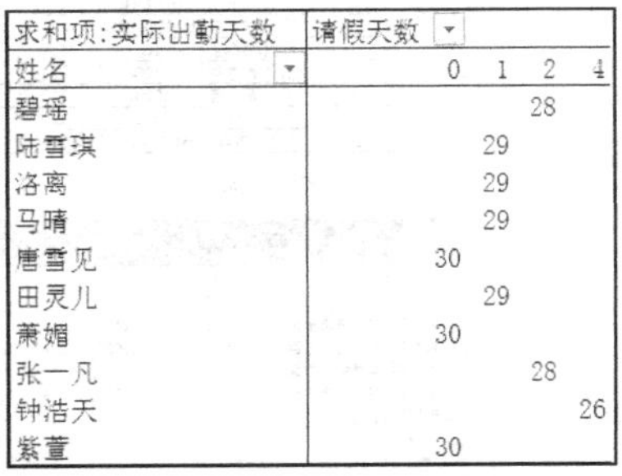　　　　　　　　　图 5-103　清除表样式

5. 创建数据透视图

数据透视表创建完成，接下来可以在已有的数据透视表的基础上创建数据透视图，从而可以更直观、清晰地查看和分析表格数据。

（1）选中数据透视表中的任意一个单元格，然后切换到【数据透视表工具】栏中的【选项】选项卡，单击【工具】组中的【数据透视图】按钮 数据透视图，随即弹出【插入图表】对话框，选择【簇状柱形图】，然后单击 确定 按钮，如图 5-104 所示。

（2）此时工作表中便插入了一个数据透视图，如图 5-105 所示。

图 5-104　选择图表类型

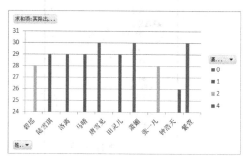

图 5-105　数据透视图

5.3　产品存货月统计表

📖 **实例目标**

对销售型或者生产型企业来说，对库存情况进行规范化的管理显得尤为重要。本节介绍企业存货月统计表的制作和分析管理，通过该表可以了解某种物品在特定时期的所有量，以及一段时间内的变动情况。

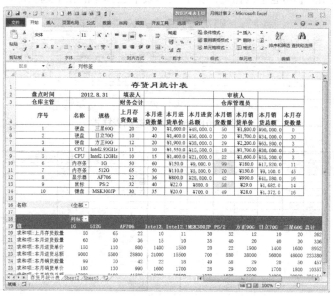

图 5-106　产品存货月统计表最终效果

实例解析

本例在制作之前，可以从以下几个方面进行分析和资料准备。

（1）确定产品存货月统计表的内容。产品存货月统计表中应该包含盘点时间、填表人、核审人、仓库主管、财务会计、仓库管理员，产品的序号、名称、规格、上月存货数量，本月进货的数量、单价、总额，本月销货的数量、单价、总额以及本月存货的数量等情况。

（2）制作产品有货月统计表。制作产品存货月统计表首先要输入表头和各项目及数据，然后对表格进行设置，利用函数进行相关计算，最后创建数据透视表。

（3）在表格中输入数据。本例中的数据输入主要涉及两种方式：一种是直接在单元格中输入；另一种是快速填充输入。

操作过程

结合上述分析，本例的制作思路如图 5-107 所示，涉及的知识点有新建和重命名工作簿、在工作表中输入数据、数据填充、利用函数进行相关计算、编辑工作表、设置条件格式、插入数据透视表等内容。

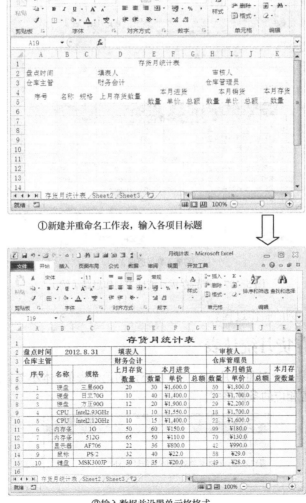

①新建并重命名工作表，输入各项目标题

②输入数据并设置单元格格式

图 5-107　产品存货月统计表制作思路

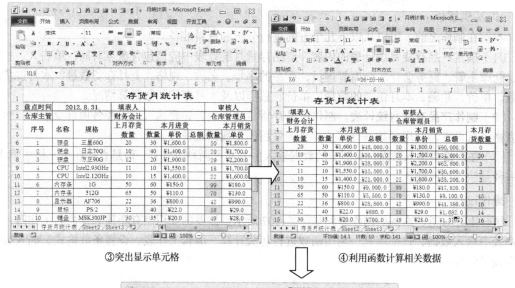

③突出显示单元格　　　　　　　　　　　④利用函数计算相关数据

⑤插入数据透视表

图 5-107　产品存货月统计表制作思路（续）

下面将具体讲解本例的制作过程。

5.3.1　设计存货月统计表

"存货月统计表"是企业对每个月的存货进行统计的记录表单。本小节首先介绍创建月统计表的操作步骤，然后设置相应的条件格式。

本实例原始文件和最终效果所在位置如下。	
原始文件	无
最终效果	素材\最终效果\05\月统计表.xlsx

1．创建月统计表

"存货月统计表"主要包括企业物品中上月存货、本月进货、本月销货和本月存货的数量等内容。

（1）创建一个新的空白工作簿"月统计表.xlsx"，将工作表"Sheet1"重命名为"存货月统计表"，然后输入基本的表格内容，如图 5-108 所示。

（2）根据盘点时间的物品进销存状况，在工作表中输入相应的内容，如图 5-109 所示。

图 5-108　创建工作簿并重命名和输入基本内容

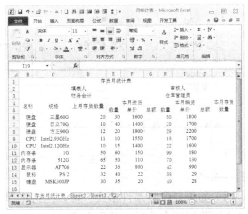

图 5-109　在工作表中输入相应内容

（3）按照前面介绍的方法，对表格的字体、填充颜色、边框等进行设置，得到图 5-110 显示的样式。

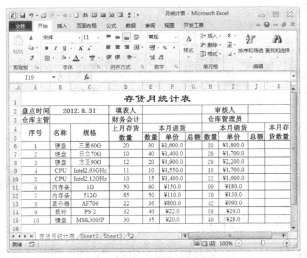

图 5-110　对表格进行设置

2. 设置条件格式

为了使工作表中的重要内容更醒目地显示出来，可以利用条件格式将其设置为特殊的显示状态，以便查看和引起注意。

例如，对统计表中"本月销货"数量不低于 50 的单元格设置条件格式，以便清晰地显示本月的销货数量状况，为后期购进货物提供参考。具体的操作步骤如下。

（1）切换到【开始】选项卡，单击【样式】组中的条件格式·按钮，在下拉列表中选择【突出显示单元格规则】，然后在弹出的联级菜单中选择【大于】选项，如图 5-111 所示。

（2）随即弹出【大于】对话框，在【为大于以下值的单元格设置格式】文本框中输入"50"，在【设置为】下拉列表中选择【浅红填充色深红色文本】，如图 5-112 所示。

图 5-111　选择【大于】条件格式　　　　　　图 5-112　编辑【大于】对话框

（3）单击 确定 按钮返回工作表，此时可以发现本月销货数量不大于 50 的记录显示为设置的特殊格式。

（4）如果要删除条件格式，可以先选中单元格区域，然后单击 条件格式 按钮，在下拉列表中选择【清除规则】选项，然后在弹出的联级菜单中选择【清除所选单元格的规则】选项。

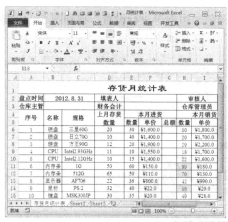

图 5-113　【条件格式】设置效果　　　　　　图 5-114　删除条件格式

5.3.2　分析存货月统计表

本小节使用公式快速统计"出存货月统计表"中的"总额"项和"本月存货数量"项，然后为其创建数据透视表，可以快速查看和分析表中数据。

1. 计算"总额"和"数量"

在进行计算之前，需要先明确相应的计算公式，即"本月进货总额=本月进货单价*本月进货数量"，"本月销货总额=本月销货单价*本月销货数量"，"本月存货数量=上月存货数量+本月进货数量-本月销货数量"。

本实例原始文件和最终效果所在位置如下。	
原始文件	素材\原始文件\05\月统计表 1.xlsx
最终效果	素材\最终效果\05\月统计表 1.xlsx

（1）打开本实例的原始文件，首先计算"本月进货金额"项。在单元格 G6 中输入公式"=F6*E6"，

如图 5-115 所示。

（2）输入完毕按下【Enter】键即可得到显示结果，然后选中单元格 G6，利用鼠标拖动的方法将公式填充到单元格 G15 中。接下来计算"本月进销货总额"，即在单元格 J6 中输入公式"=I6*H6"，如图 5-116 所示。

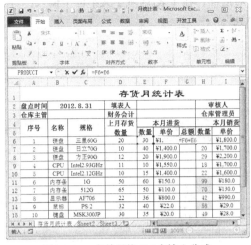

图 5-115　在单元格 G6 中输入公式

图 5-116　填充计算结果并在单元格 J6 中输入公式

（3）按【Enter】键即可得到显示结果，同样利用鼠标拖动的方法将公式填充到单元格 J15 即可。然后计算"本月存货数量"，即在单元格 K6 中输入公式"=D6+E6-H6"，如图 5-117 所示。

（4）按【Enter】键即可得到显示结果，然后利用鼠标拖动的方法将公式填充到单元格 K15 即可。

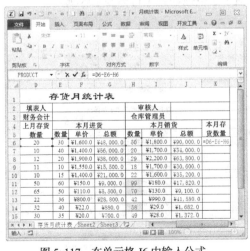

图 5-117　在单元格 J6 中输入公式

图 5-118　填充计算结果

2．创建数据透视表

创建数据透视表后用户可以快捷地分析数据报表。

本实例原始文件和最终效果所在位置如下。	
原始文件	素材\原始文件\05\月统计表 2.xlsx
最终效果	素材\原始文件\05\月统计表 2.xlsx

（1）打开本实例的原始文件，由于合并单元格区域后的工作表无法创建数据透视表，所以为了便于创建数据透视表，在本实例的原始文件中，已经对"存货月统计表"进行了取消合并单元格的操作。

（2）鼠标选中单元格A18，然后切换到【插入】选项卡，单击【表格】组中的【数据透视表】按钮的上部分按钮，随即弹出【创建数据透视表】对话框，在【表/区域】文本框中输入："存货月统计表!\$B\$4:\$K\$14"，【位置】默认为单元格"A18"。

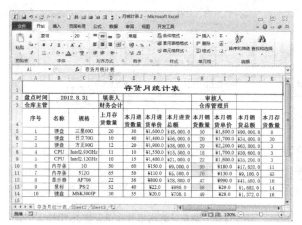

图 5-119 取消合并单元格

图 5-120 编辑【创建数据透视表】对话框

（3）单击 确定 按钮返回工作表，此时工作表中插入了一个空白的数据透视表，如图 5-121所示。

（4）将【名称】按钮添加到【报表筛选】区域，将【规格】按钮添加到【列标签】区域，将其他按钮依次添加到【数值】区域，将出现的【数值】字段拖动到【行标签】区域。

图 5-121 空白数据透视表

图 5-122 将各字段添加到相应区域

（5）此时创建德尔数据透视表如图 5-123 所示。

（6）此时用户还可以单独查看各名称项的数据信息。例如，查看 CPU 中各种规格所对应的数据信息及汇总情况，可以单击【名称】字段右侧单元格中的下箭头按钮，在弹出的下拉列表中选择【CPU】选项。

（7）单击 确定 按钮，即可在数据透视表中显示出关于 CPU 的各项数据信息，如图 5-125 所示。

图 5-123　设置后的数据透视表

图 5-124　选择名称项

图 5-125　单独查看名称项信息

练 兵 场

一、打开【习题】文件夹中的表格文件："练习题/原始文件/05/【2012 年上半年各项费用支出】"，并按以下要求进行设置。

1. 利用函数公式计算出"合计"与"平均"两行的数值。

2. 将标题文本字体设置为【华文隶书】、【18】号，为表格第一行和第一列文本设置【加粗】

的文字效果。将表格第1行、第8行、第9行分别填充为"蓝色"、"黄色"和"橙色"。

3. 使用"定义名称"功能将单元格区域："B3：G3"、"B4:G4"、"B5：G5"、"B6：G6"、"B7：G7"分别定义为"xzzy"、"sjsrycl"、"rsgl"、"sbjc"、"hjmhqj"。

4. 在右侧的表格"查询各项费用支出总额"中编辑函数公式后，用其查询项目"rsgl"的支出总额。

（最终效果见："练习题/最终效果/05/【2012年上半年各项费用支出】"）

二、打开【习题】文件夹中的表格文件："练习题/原始文件/05/【2012年上半年各项费用支出1】"，并按以下要求进行设置。

1. 选中表格区域"A2：G7"，然后在图表下方插入一张折线图，并将图表移动至单元格区域"A12:G26"中。

2. 将图表图例设置为项目，横坐标设置为月份。

3. 将图表纵坐标轴最小值设置为4000。

4. 将图表背景设置为【熊熊火焰】，将每条折线的数据表设置为圆形，并填充为与线条相同的颜色。

（最终效果见："练习题/最终效果/05/【2012年上半年各项费用支出1】"）

三、打开【习题】文件夹中的表格文件："练习题/原始文件/05/【近三年各地区销售量统计】"，并按以下要求进行设置。

1. 利用函数计算出各区域销量的合计并将数据添加至相应的单元格区域中。

2. 利用条件格式功能突出显示大于2500的数据文本，显示为："浅红色填充深红色文本"。

3. 为单元格区域"K4：K8"设置数据有效性，序列来源为"L5800、N6200、M5900、C8900"。

4. 为图表中的数据系列添加三维效果【圆】，【金属效果】。将图例移至图表的右上角，并设置阴影效果【右下角偏移】。

（最终效果见："练习题/最终效果/04/【近三年各地区销售量统计】"）

四、打开【习题】文件夹中的表格文件："练习题/原始文件/05/【近三年各地区销售量统计1】"，并按以下要求进行设置。

1. 在单元格"A18"的位置插入数据透视表，数据源区域为"A3：G15"，【行标签】为"年度"和"季别"，各地区项为【数值】。

2. 以表格形式显示数据透视表。

3. 套用数据透视表样式为"数据透视表样式中等深浅13"。

4. 利用数据透视表筛选出第一季度和第二季度的数据。

（最终效果见："练习题/最终效果/04/【近三年各地区销售量统计1】"）

第 6 章 排序、筛选与汇总数据

数据的排序、筛选与分类汇总是 Excel 中经常使用的几种功能。通过这些功能，用户可以快速地完成表格中的相关操作。本章通过几个实例介绍数据排序、筛选与分类汇总等功能的使用方法。

6.1 物料验收单

实例目标

企业对物料进行申请、购买后，需要根据企业的相关规定填写物料验收单。本节将介绍制作物料验收单的方法，以及相关项目的计算、汇总等操作。图 6-1 所示为物料验收单最终效果。

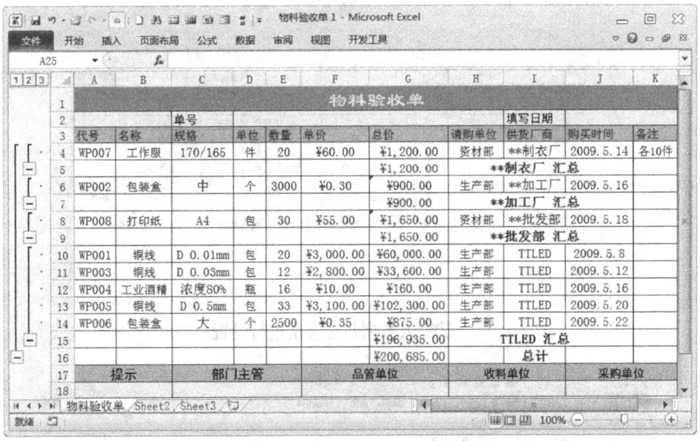

物料验收单									
		单号						填写日期		
代号	名称	规格	单位	数量	单价	总价	请购单位	供货厂商	购买时间	备注
WP007	工作服	170/165	件	20	¥60.00	¥1,200.00	资材部	**制衣厂	2009.5.14	各10件
						¥1,200.00	**制衣厂 汇总			
WP002	包装盒	中	个	3000	¥0.30	¥900.00	生产部	**加工厂	2009.5.16	
						¥900.00	**加工厂 汇总			
WP008	打印纸	A4	包	30	¥55.00	¥1,650.00	资材部	**批发部	2009.5.18	
						¥1,650.00	**批发部 汇总			
WP001	铜线	D 0.01mm	包	20	¥3,000.00	¥60,000.00	生产部	TTLED	2009.5.8	
WP003	铜线	D 0.03mm	包	12	¥2,800.00	¥33,600.00	生产部	TTLED	2009.5.12	
WP004	工业酒精	浓度80%	瓶	16	¥10.00	¥160.00	生产部	TTLED	2009.5.16	
WP005	铜线	D 0.5mm	包	33	¥3,100.00	¥102,300.00	生产部	TTLED	2009.5.20	
WP006	包装盒	大	个	2500	¥0.35	¥875.00	生产部	TTLED	2009.5.22	
						¥196,935.00	TTLED 汇总			
						¥200,685.00		总计		
提示		部门主管			品管单位		收料单位		采购单位	

图 6-1 物料验收单最终效果

实例解析

本例在制作之前，可以从以下几个方面进行分析和资料准备。

（1）**确定物料验收单的内容**。物料验收单应该包含单号、填写日期，物品的代号、名称、规格、单位、数量、单价、总价、请购单位、供货厂商、购买时间、备注，批示、部门主管、品管单位、收料单位、采购单位等情况。

（2）**制作物料验收单**。制作物料验收单首先要输入各项目及数据，然后对单元格进行设置，对工作表进行排序、分类汇总。

（3）**在表格中输入数据**。本例中的数据输入主要涉及两种方式：一种是直接在单元格中输入；

另一种是快速填充输入。

操作过程

结合上述分析，本例的制作思路如图 6-2 所示，涉及的知识点有新建和重命名工作簿、在工作表中输入数据、设置单元格格式、自定义排序、利用函数进行相关计算、数据填充、分类汇总。

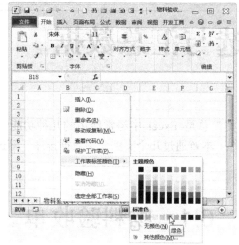

①新建工作簿并重命名，改变标签颜色

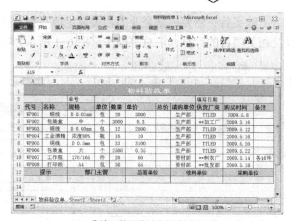

②输入数据并对表格进行设置

③设置货币格式

图 6-2　物料验收单制作思路

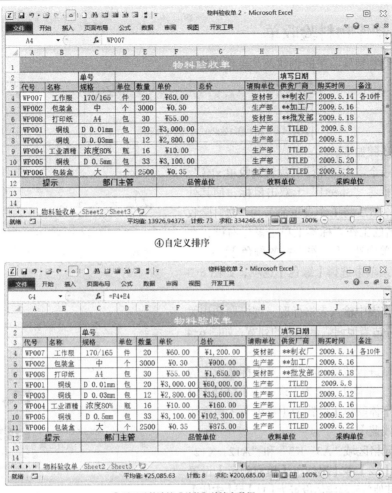

④自定义排序

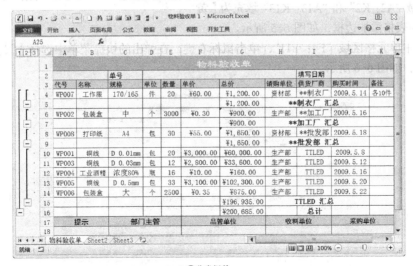

⑤利用函数计算【总价】并填充数据

⑥分类汇总

图 6-2 物料验收单制作思路（续）

下面将具体讲解本例的制作过程。

6.1.1 制作物料验收单

本小节介绍物料验收单的创建及其美化过程。

本实例原始文件和最终效果所在位置如下。	
原始文件	无
最终效果	素材\最终效果\06\物料验收单.xlsx

具体操作步骤如下。

（1）新建一个空白工作簿"物料验收单.xlsx"，接着在工作表标签"Sheet1"上双击鼠标，使其处于可编辑状态，然后将工作表重命名为"物料验收单"。在重命名的工作表标签上单击鼠标右键，在弹出的快捷菜单中选择【工作表标签颜色】菜单项，在弹出的级联菜单中选择【绿色】选项，如图 6-3 所示。

（2）在工作表中输入表格标题、列标题和相关数据等信息，并适当地调整单元格的列宽，如图 6-4 所示。

（3）对表格进行适当的美化。选中标题所在的单元格 A1，将【字体】设置为【隶书】；【字号】设置为【18】；【字体颜色】设置为【黄色】；【填充颜色】设置为【浅蓝】。

（4）将单元格区域"A3：K3"和"A12：K12"的字体设置为【12】号【黑体】；【填充颜色】设置为【浅绿】；将其他单元格字体设置为【11】号【宋体】；将单元格区域"A2：K2"和"A13：K13"填充为【黄色】，然后为表格添加边框，如图 6-5 所示。

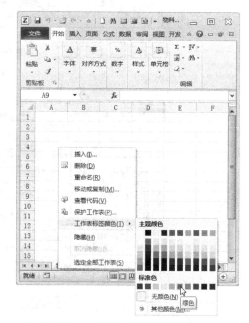

图 6-3　设置工作表标签颜色

（5）选中单元格区域"F4：F11"，单击鼠标右键，在弹出的快捷菜单中选择【设置单元格格式】菜单项，如图 6-6 所示。

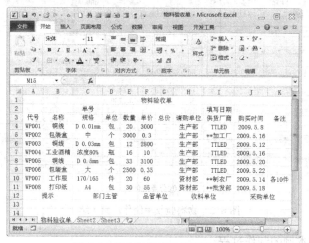

图 6-4　输入数据信息并调整列宽

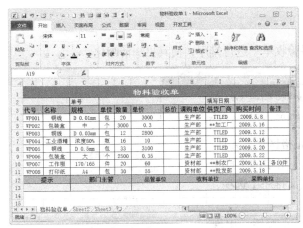

图 6-5 设置单元格格式

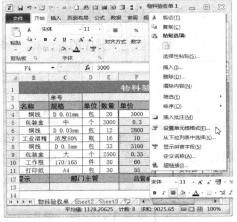

图 6-6 选择【设置单元格格式】

（6）弹出【设置单元格格式】对话框，切换到【数字】选项卡，在【分类】列表框中选择【货币】选项，在右侧的【小数位数】微调框中输入【2】，然后单击 确定 按钮即可完成设置，如图 6-7 所示。

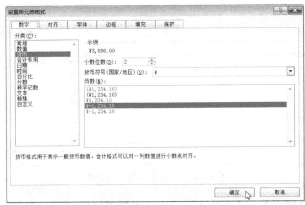

图 6-7 设置货币格式

（7）至此就完成了"物料验收单"的创建及其相应的格式设置，效果如图 6-8 所示。

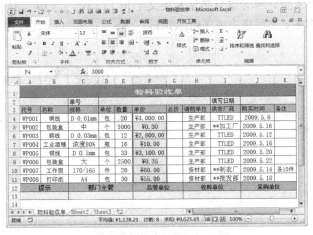

图 6-8 设置效果

6.1.2 自定义排序

本小节使用自定义排序的方法对"物料验收单"进行排序，使其更加清晰化。

本实例原始文件和最终效果所在位置如下。
原始文件 素材\原始文件\06\物料验收单 1.xlsx
最终效果 素材\最终效果\06\物料验收单 1.xlsx

（1）打开本实例的原始文件，选中单元格区域"A4：K11，切换到【开始】选项卡，单击【编辑】组中的【排序和筛选】按钮，在下拉列表中选择【自定义排序】选项，如图 6-9 所示。

图 6-9 选择【自定义排序】

（2）弹出【排序】对话框，单击 添加条件(A) 按钮，出现【次要关键字】组，在【主要关键字】下拉列表中选择【列 I】，在【次要关键字】下拉列表中选择【列 J】，【排序依据】保持【数值】不变，【次序】选择【升序】，如图 6-10 所示。

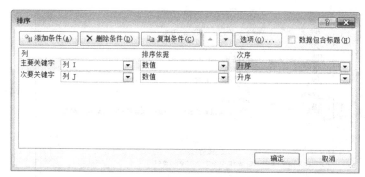

图 6-10 编辑【排序】对话框

（3）单击【主要关键字】的【次序】下拉列表右侧下拉按钮，在下拉列表中选择【自定义序列】选项，如图 6-11 所示。

（4）弹出【自定义序列】对话框（见图 6-11），在【输入序列】文本框中按顺序输入供货厂商的名称（注：名称之间分隔的逗号必须是英文半角），单击 添加(A) 按钮，即可将其添加到【自定义序列】列表框中，然后选中该序列，单击 确定 按钮返回【排序】对话框，如图 6-13 所示。

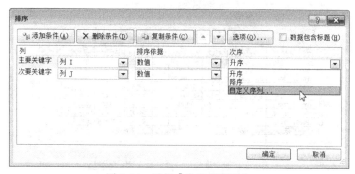

图 6-11 选择【自定义序列】

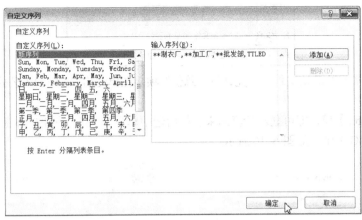

图 6-12　添加新序列

图 6-13　返回【排序】对话框

（5）单击 [　确定　] 按钮返回工作表，排序效果如图 6-14 所示。

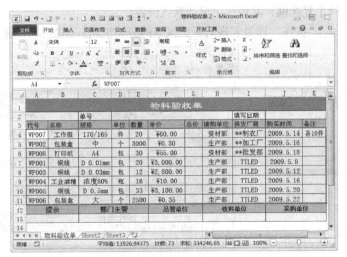

图 6-14　排序效果

6.1.3　进行分类汇总

本小节首先利用公式计算各物料的"总价"。其中"总价=单价*数量"，然后将分类字段设置为"供货厂商"，对"总价"进行分类汇总。

本实例原始文件和最终效果所在位置如下。
原始文件	素材\原始文件\06\物料验收单 2.xlsx
最终效果	素材\最终效果\06\物料验收单 2.xlsx

（1）打开本实例的原始文件，首先计算"总价"项。在单元格 G4 中输入公式"=F4*E4"。如图 6-15 所示。

（2）按【Enter】键，即可显示计算结果。然后选中单元格 G4，利用鼠标拖动的方法，将公式填充到单元格 G11 中，如图 6-16 所示。

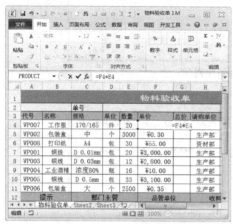

图 6-15　在单元格内输入公式

图 6-16　填充计算结果

（3）分类汇总。选中单元格区域"A3:K11"，切换到【数据】选项卡，单击【分级显示】组中的【分类汇总】按钮，弹出【分类汇总】对话框（见图 6-17），在【分类字段】下拉列表中选择【供货厂商】选项，在【汇总方式】下拉列表中选择【求和】选项，在【选定汇总项】列表框中选中【总价】复选框，其他选项保持默认设置。

（4）单击　确定　按钮，即可实现对所选区域的分类汇总，如图 6-18 所示。

图 6-17　设置【分类汇总】对话框

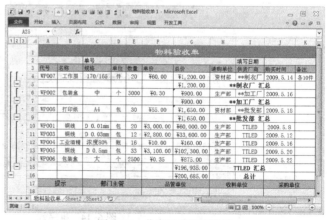

图 6-18　分类汇总设置效果

（5）此时可以看到工作表中有 3 个分级显示按钮 1 2 3，利用分级按钮可以快速查看汇总数据。单击一级分级按钮 1 或者第一层隐藏按钮 −，系统将只显示一级分类记录，如图 6-19 所示。

（6）单击二级分级按钮 2 或者第二层隐藏按钮 −，系统将只显示二级分类记录，如图 6-20 所示。

（7）二级分类数据中共包含 4 个显示按钮，单击第一个显示按钮⊞，工作表中将只显示第一层二级分类记录，并且显示按钮⊞会随即变为隐藏按钮⊟，如图 6-21 所示。

图 6-19　只显示一级分类记录

图 6-20　只显示二级分类记录

图 6-21　只显示第一层二级分类记录

（8）单击三级分级按钮③或者第三层隐藏按钮⊟，系统将显示三级分类记录，即全部的分类记录。如果用户想取消分类汇总的显示结果，可以在选中数据区域的任意一个单元格后，单击分类汇总按钮，此时会弹出【Microsoft Excel】提示对话框，单击 确定 按钮，如图 6-22 所示。

（9）随即弹出【分类汇总】对话框，从中单击 全部删除(R) 按钮即可，如图 6-23 所示。

图 6-22　【Microsoft Excel】提示对话框

图 6-23　删除分类汇总

提示

用户也可以选中汇总区域，即单元格区域 A3:K16，然后选择【数据】➤【分类汇总】菜单项，直接弹出【分类汇总】对话框，同样单击 全部删除(R) 按钮即可取消分类汇总。

6.2 员工业绩奖金表

📖 **实例目标**

员工的业绩情况直接影响企业的发展水平。为了能够提高企业在市场中的竞争力，可以实行"基本工资+业绩奖金"的工资制度，这样有利于提高员工的工作积极性并发挥其最大潜能。

本节使用 Excel 制作员工业绩奖金表（见图 6-21）并对员工奖金表进行管理。

员工编号	姓名	本月销售额	奖金比例	本月业绩奖金
1001	懂清	¥3,500	16%	¥560
1002	朱雨辰	¥2,600	12%	¥312
1003	夏丹	¥3,800	20%	¥760
1004	李良杰	¥4,900	20%	¥980
1005	孟颜	¥5,000	20%	¥1,000
1006	刘御	¥6,000	20%	¥1,200
1007	陈青阳	¥5,200	20%	¥1,040
1008	梅艳芳	¥3,700	20%	¥740
1009	张子涵	¥5,100	20%	¥1,020
1010	楚雨诺	¥2,580	12%	¥310
1011	苏湘云	¥5,900	20%	¥1,180
1012	滕美玲	¥1,560	8%	¥125
1013	高飞	¥1,200	8%	¥96
1014	张涵予	¥2,100	10%	¥210
1015	陈紫函	¥3,500	16%	¥560
1016	刘兴兴	¥1,100	8%	¥88
1017	赵阳	¥1,090	8%	¥87
1018	李英爱	¥900	8%	¥72
1019	钟少秋	¥1,600	8%	¥128
1020	米莱	¥4,200	20%	¥840

员工编号	求和项:上月业绩奖金	求和项:本月业绩奖金	求和项:本月销售额	求和项:上月累计销售额
1001与1020的业绩差额	¥28.0	¥280.0	¥700.0	¥700.0
1020	¥360.0	¥840.0	¥4,200.0	¥1,800.0
1019	¥128.0	¥128.0	¥1,600.0	¥1,600.0
1018	¥168.0	¥72.0	¥900.0	¥2,100.0
1017	¥304.0	¥87.2	¥1,090.0	¥3,800.0
1016	¥128.0	¥88.0	¥1,100.0	¥1,600.0

图 6-24 员工业绩奖金表最终效果

🔍 **实例解析**

本例在制作之前，可以从以下几个方面进行分析和资料准备。

（1）**确定员工业绩奖金表的内容**。员工业绩奖金表中应该包含员工编号、姓名、本月销售额、奖金比例、本月业绩奖金、上月累计销售额、本月累计销售、累计销售奖金、奖金总计等情况。

（2）**制作员工业绩奖金表**。制作员工业绩奖金表首先要输入各项目及数据，然后对单元格进行设置，对工作表进行排序、分类汇总。

（3）**在表格中输入数据**。本例中的数据输入主要涉及两种方式：一种是直接在单元格中输入；另一种是快速填充输入。

操作过程

结合上述分析，本例的制作思路如图 6-25 所示，涉及的知识点有新建和重命名工作簿、在工作表中输入数据、设置单元格格式、自定义排序、利用函数进行相关计算、数据填充、分类汇总。

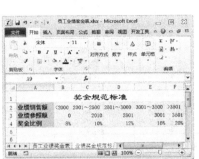

①创建并编辑奖金规范标准工作表

②输入数据并设置表格

③利用公式进行相关计算

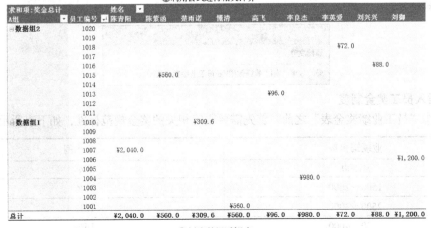

④创建数据透视表

图 6-25　员工业绩奖金表制作思路

员工编号	求和项:上月业绩奖金	求和项:本月业绩奖金	求和项:本月销售额	求和项:上月累计销售额
1001与1020的业绩差额	¥28.0	¥280.0	¥700.0	¥700.0
1020	¥360.0	¥840.0	¥4,200.0	¥1,800.0
1019	¥128.0	¥128.0	¥1,600.0	¥1,600.0
1018	¥168.0	¥72.0	¥900.0	¥2,100.0
1017	¥304.0	¥87.2	¥1,090.0	¥3,800.0
1016	¥128.0	¥88.0	¥1,100.0	¥1,600.0
1015	¥400.0	¥560.0	¥3,500.0	¥2,500.0
1014	¥360.0	¥210.0	¥2,100.0	¥3,000.0
1013	¥164.0	¥96.0	¥1,200.0	¥2,050.0
1012	¥208.0	¥124.8	¥1,560.0	¥2,600.0
1011	¥400.0	¥1,180.0	¥5,900.0	¥2,000.0
1010	¥372.0	¥309.6	¥2,580.0	¥3,100.0
1009	¥300.0	¥1,020.0	¥5,100.0	¥1,500.0
1008	¥480.0	¥740.0	¥3,700.0	¥2,400.0
1007	¥720.0	¥1,040.0	¥5,200.0	¥3,600.0
1006	¥240.0	¥1,200.0	¥6,000.0	¥1,200.0
1005	¥560.0	¥1,000.0	¥5,000.0	¥2,800.0
1004	¥580.0	¥980.0	¥4,900.0	¥2,900.0
1003	¥360.0	¥760.0	¥3,800.0	¥1,800.0
1002	¥312.0	¥312.0	¥2,600.0	¥2,600.0
1001	¥176.0	¥560.0	¥3,500.0	¥1,100.0
总计	¥141,103.0	¥11,587.6	¥66,230.0	¥47,350.0

⑤在数据透视表中插入新项目

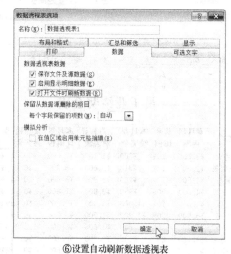

⑥设置自动刷新数据透视表

图 6-25　员工业绩奖金表制作思路（续）

6.2.1　创建员工业绩奖金表

在不同的企业中，有着不同的奖金规范，员工根据此规范获得应有的奖励，从而激发员工不断创新的积极性。

本实例原始文件和最终效果所在位置如下。	
原始文件	无
最终效果	素材\最终效果\06\员工业绩奖金表.xlsx

1．插入员工奖金制度

在制作"员工业绩奖金表"之前，首先需要制定相关的奖金规范标准，如下表所示。

业绩销售额	奖金比例
<1500	8%
1500～2000	10%
2500～3000	12%
3500～4000	16%
>4000	20%

根据表中所列的业绩奖金规范，使用 Excel 制作"业绩奖金表"的具体步骤如下。

（1）启动 Excel 2010 创建一个新的空白工作簿，将其保存为"员工业绩奖金表"，然后将工作表"Sheet1"重命名为"员工业绩奖金表"，将工作表"Sheet2"重命名为"业绩奖金规范标准"。如图 6-26 所示。

（2）切换到"业绩奖金规范标准"工作表，在表格中输入业绩奖金规范标准的信息，并对表格进行格式化设置。

图 6-26　创建并重命名工作表，输入信息并设置表格

2．输入员工业绩奖金信息

下面要做的就是在"员工业绩奖金表"工作表中输入员工的业绩信息，具体的操作步骤如下。

（1）切换到工作表"员工业绩奖金表"中，输入业绩奖金标题，并根据实际情况输入员工编号、姓名、本月销售额和上月累计销售额等数据信息，然后设置字体格式和对齐方式。如图 6-27 所示。

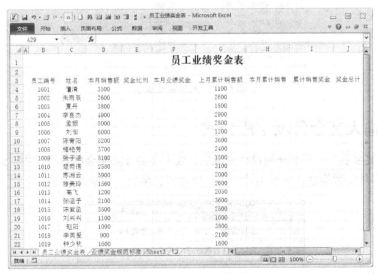

图 6-27　输入数据信息

（2）隐藏工作表中的网格线并设置单元格格式。选中单元格区域"D4:D22"，然后按住【Ctrl】键不放选中单元格区域"G4:J22"，切换到【开始】选项卡，单击【字体】组右下角的【对话框启动器】按钮，弹出【设置单元格格式】对话框，切换到【数字】选项卡，在【分类】列表框中选择【货币】选项，在【小数位数】微调框中输入数值"0"，其他选项保持默认设置，如图

6-28 所示。

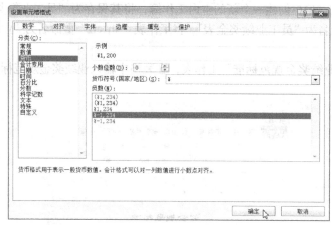

图 6-28　设置货币格式

（3）单击 确定 按钮返回工作表，即可将数值转换为货币形式。如图 6-29 所示。

员工业绩奖金表.xlsx - Microsoft Excel

员工业绩奖金表

员工编号	姓名	本月销售额	奖金比例	本月业绩奖金	上月累计销售额	本月累计销售	累计销售奖金	奖金总计
1001	懂清	¥3,500			¥1,100			
1002	朱雨辰	¥2,600			¥2,600			
1003	夏丹	¥3,800			¥1,800			
1004	李良杰	¥4,900			¥2,900			
1005	孟颜	¥5,000			¥2,800			
1006	刘御	¥6,000			¥1,200			
1007	陈青阳	¥5,200			¥3,600			
1008	梅艳芳	¥3,700			¥2,400			
1009	张子涵	¥5,100			¥1,500			
1010	楚雨诺	¥2,580			¥3,100			
1011	苏湘云	¥5,900			¥2,000			
1012	滕美玲	¥1,560			¥2,600			
1013	高飞	¥1,200			¥2,050			

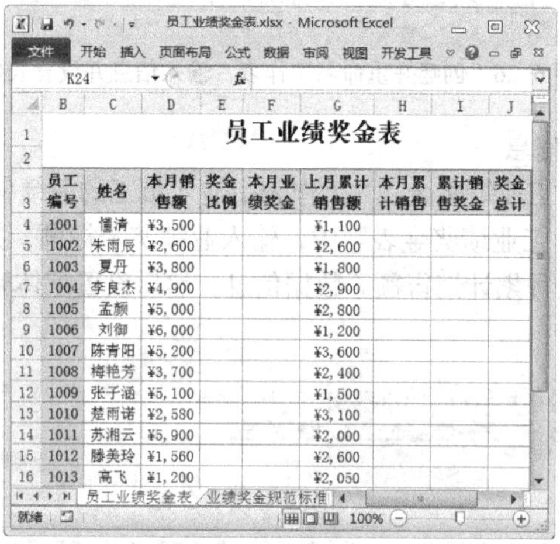

图 6-29　表格设置效果

6.2.2　输入奖金各项字段公式

“员工业绩奖金表”的基本框架设计完成后，接下来要计算奖金的各项字段。例如，计算员工的奖金比例、本月业绩奖金、本月累计销售、累计销售奖金、奖金总计等。

本实例原始文件和最终效果所在位置如下。	
原始文件	素材\原始文件\06\员工业绩奖金表 1.xlsx
最终效果	素材\最终效果\06\员工业绩奖金表 1.xlsx

1．相关函数

在计算“员工业绩奖金表”的各项目数据时，需要用到 HLOOKUP 函数，下面介绍该函数的相关知识。

HLOOKUP 函数的语法格式：

HLOOKUP(lookup_value,table_array,row_index_num,

range_lookup)

该函数的功能是在数组区域的首行查找指定的数值，并由此返回数组区域当前列中指定行处的数值。

lookup_value 是指需要在数据表第 1 行中进行查找的数值，可以为数值、引用或文本字符串；table_array 表示需要在其中查找数据的数据表，可以使用对区域或区域名称的引用；row_index_num 是指 table_array 中，需要返回的匹配值的行序号；range_lookup 表示一个逻辑值，指明函数 HLOOKUP 查找时是精确匹配，还是近似匹配。参数说明如下表所示。

参　　数	为以下数值时	返回值
row_index_num	1	table_array 第 1 行的数值
	2	table_array 第 2 行的数值，依次类推
row_index_num	小于 1	返回错误值#VALUE!
	小于 table_array 的行数	返回错误值#REF!
Range_lookup	TRUE 或省略	返回小于 lookup_value 的最大数值
	FALSE	将查找精确匹配值，如果找不到，则返回错误值#N/A

需要说明的是：如果 HLOOKUP 函数找不到 lookup_value，且 range_lookup 为 TRUE，则使用小于 lookup_value 的最大值；如果 HLOOKUP 函数小于 table_array 第 1 行中的最小数值，函数 HLOOKUP 则返回错误值#N/A。

2. 计算奖金比例

员工的业绩"奖金比例"需要从"业绩奖金规范标准"工作表中查找，然后再输入奖金比例。具体的操作步骤如下。

（1）切换到"员工业绩奖金表"工作表中，在单元格 E4 中输入以下公式。

=HLOOKUP(D4,业绩奖金规范标准!$B$3:$F$4,2)

此公式的含义是：在"业绩奖金规范标准"工作表的单元格区域"B3:F4"中查找单元格 D4，然后返回同列中第 2 行的值。

（2）输入完毕，按下【Enter】键确认输入，即可求出计算结果。如图 6-30 所示。

图 6-30　输入公式计算奖金比例

（3）使用自动填充功能将此公式复制到单元格 E22 中，然后选中单元格区域"E4:E22"，按照前面介绍的方法，弹出【设置单元格格式】对话框，切换到【数字】选项卡，在【分类】列表框中选择【百分比】选项，在【小数位数】微调框中输入数值"0"，如图 6-31 所示。

（4）单击 确定 按钮返回工作表，即可看到设置的"奖金比例"效果。

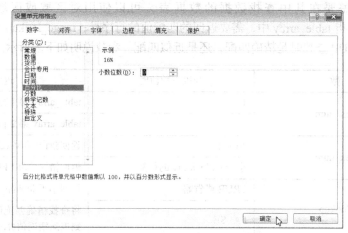

图 6-31 设置【百分比】格式

3. 计算本月业绩奖金

（1）在单元格 F4 中输入以下公式。输入完毕，按下【Enter】键确认输入。

=D4*E4

（2）使用自动填充功能将此公式复制到单元格 F22 中即可。如图 6-32 所示。

图 6-32 计算"本月业绩奖金"并填充计算结果

4. 计算本月累计销售额

本月累计销售额实际上就是"本月销售额"与"上月累计销售额"之和，具体的操作步骤如下。

（1）在单元格 H4 中输入以下公式。输入完毕，按下【Enter】键确认输入。

=D4+G4

（2）使用自动填充功能将此公式复制到单元格 H22 中即可，如图 6-33 所示。

图 6-33　计算"本月累计销售额"并填充计算结果

5. 计算累计销售奖金

当本月累计销售额大于 8000 元时才能获得"累计销售奖金"。下面根据这一条件来计算员工的"累计销售奖金"。

（1）在单元格 I4 中输入以下公式。输入完毕，按下【Enter】键确认输入。

=IF(H4>8000,1000,0)

（2）使用自动填充功能将此公式复制到单元格 I22 中即可。如图 6-34 所示。

图 6-34　计算"累计销售奖金"并填充计算结果

6. 计算奖金总额

"本月业绩奖金"加上"累计销售奖金"即为员工的"奖金总计"。

（1）在单元格 J4 中输入以下公式，输入完毕后，按下【Enter】键确认输入。

=F4+I4

（2）使用自动填充功能将此公式复制到单元格 J22 中即可，如图 6-35 所示。

图 6-35　计算"奖金总计"并填充计算结果

6.2.3 使用列表排序或筛选数据

"员工业绩奖金表"创建完毕后，可以使用 Excel 2003 提供的列表功能对员工的业绩奖金情况进行快速地排序与筛选。

本实例原始文件和最终效果所在位置如下。	
原始文件	素材\原始文件\06\员工业绩奖金表 2.xlsx
最终效果	素材\最终效果\06\员工业绩奖金表 2.xlsx

1. 创建列表并使用列表排序

使用列表功能可以快速地对指定的字段进行排序，具体操作步骤如下。

（1）打开本实例的原始文件，选中"员工业绩奖金表"工作表中含有数据的任意一个单元格，然后切换到【数据】选项卡，单击【排序和筛选】组中的【筛选】按钮 ▼。

（2）此时每一个列标题的右侧均会出现一个下箭头按钮 ▼，即可完成列表的创建。如图 6-36 所示。

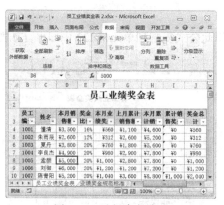

图 6-36 选择降序排列

（3）单击"奖金总计"列标题右侧的下箭头按钮 ▼，在弹出的下拉列表中选择【降序排列】选项，系统即可对员工的"奖金总计"进行降序排列。如图 6-37 所示。

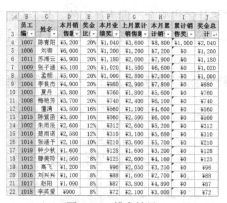

图 6-37 排序结果

2. 使用列表筛选符合条件的信息

用户可以使用列表功能自定义筛选符合条件的记录，下面以筛选出"奖金比例"在 8%～20% 之间的员工业绩信息为例加以介绍。

（1）单击 "奖金比例" 列标题右侧的下箭头按钮，在弹出的下拉列表中选择【数字筛选】选项，在弹出的子菜单中选择【介于】选项。如图 6-38 所示。

图 6-38　选择筛选方式

（2）弹出【自定义自动筛选方式】对话框，在【显示行】组合框中的【奖金比例】下拉列表中选择【大于】选项，在其右侧的下拉列表中选择【8%】选项，然后选中【与】单选钮，接着在下一行的第 1 个下拉列表中选择【小于】选项，在其右侧的下拉列表中选择【20%】选项。如图 6-39 所示。

图 6-39　编辑【自定义筛选方式】对话框

（3）单击　确定　按钮，即可显示出符合条件的员工业绩信息，如图 6-40 所示。

	B 员工编号	C 姓名	D 本月销售额	E 奖金比例	F 本月业绩奖	G 上月累计销售额	H 本月累计销售额	I 累计销售奖	J 奖金总计
12	1001	董清	¥3,500	16%	¥560	¥1,100	¥4,600	¥0	¥560
13	1015	陈紫函	¥3,500	16%	¥560	¥2,500	¥6,000	¥0	¥560
14	1002	朱雨辰	¥2,600	12%	¥312	¥2,600	¥5,200	¥0	¥312
15	1010	楚雨诺	¥2,580	12%	¥310	¥3,100	¥5,680	¥0	¥310
16	1014	张涵予	¥2,100	10%	¥210	¥3,600	¥5,700	¥0	¥210

图 6-40　筛选结果

6.2.4　创建业绩奖金数据透视表

由于 "员工业绩奖金表" 的数据信息比较多，要查看或者比较员工的业绩奖金信息时会比较麻烦。为此可以创建数据透视表将员工的业绩奖金信息分门别类地存放在一张动态报表中，再进行计算与分析。

本实例原始文件和最终效果所在位置如下。	
原始文件	素材\原始文件\06\员工业绩奖金表 3.xlsx
最终效果	素材\最终效果\06\员工业绩奖金表 3.xlsx

1. 创建动态的数据透视表

使用动态的数据透视表可以使用户对透视表的源数据做出的更改。例如，在数据源中追加新的记录、修改源数据等，这为查看和比较透视表数据提供了更便捷的服务。

Excel 2010 提供的列表对数据源自动扩展功能，可以创建动态的数据透视表。具体的操作步骤如下。

（1）打开本实例的原始文件，由于已经创建了数据列表，因此只需在此基础上再创建数据透视表即可。选中创建的列表中的任意一个单元格，切换到【插入】选项卡，单击【表格】组中的【数据透视表】按钮的上半部分按钮，弹出【创建数据透视表】对话框。如图 6-41 所示。

（2）在【表/区域】文本框中选择单元格区域 "B3：J22"，【位置】文本框中选择单元格 B25，然后单击 确定 按钮。

（3）此时系统会自动在新的工作表中创建一个空白的数据透视表，然后在弹出的【数据透视表字段列表】任务窗格中将各项目拖至相应的位置区域，如图 6-42 所示。

（4）此时的数据透视表如图 6-43 所示。

图 6-41　编辑【创建数据透视表】对话框

图 6-42　将各项目拖至相应的位置区域

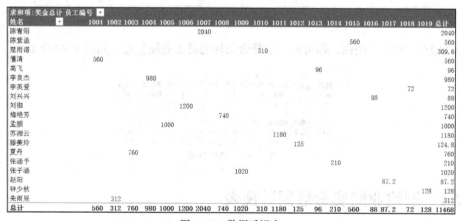

图 6-43　数据透视表

（5）数据透视表创建完成后，可以向"员工业绩奖金表"中添加记录。在表格的最后 1 行追加 1 条员工编号为"1020"、姓名为"米莱"以及其他字段信息的记录，如图 6-44 所示。

（6）在数据透视表中单击鼠标右键，在弹出的快捷菜单中选择【刷新】菜单项，如图 6-45 所示。

（7）此时即可在数据透视表中显示出追加的数据信息，如图 6-46 所示。

	B	C	D	E	F	G	H	I	J
9	1006	刘御	¥6,000	20%	¥1,200	¥1,200	¥7,200	¥0	¥1,200
10	1007	陈青阳	¥5,200	20%	¥1,040	¥3,600	¥8,800	¥1,000	¥2,040
11	1008	梅艳芳	¥3,700	20%	¥740	¥2,400	¥6,100	¥0	¥740
12	1009	张子涵	¥5,100	20%	¥1,020	¥1,500	¥6,600	¥0	¥1,020
13	1010	楚雨诺	¥2,580	12%	¥310	¥3,100	¥5,680	¥0	¥310
14	1011	苏湘云	¥5,900	20%	¥1,180	¥2,000	¥7,900	¥0	¥1,180
15	1012	滕美玲	¥1,560	8%	¥125	¥2,600	¥4,160	¥0	¥125
16	1013	高飞	¥1,200	8%	¥96	¥2,050	¥3,250	¥0	¥96
17	1014	张涵予	¥2,100	10%	¥210	¥3,600	¥5,700	¥0	¥210
18	1015	陈紫函	¥3,500	16%	¥560	¥2,500	¥6,000	¥0	¥560
19	1016	刘兴兴	¥1,100	8%	¥88	¥1,600	¥2,700	¥0	¥88
20	1017	赵阳	¥1,090	8%	¥87	¥3,800	¥4,890	¥0	¥87
21	1018	李英爱	¥900	8%	¥72	¥2,100	¥3,000	¥0	¥72
22	1019	钟少秋	¥1,600	8%	¥128	¥1,600	¥3,200	¥0	¥128
23	1020	米莱	¥4,200	20%	¥840	¥1,600	¥5,800	¥0	¥840

图 6-44　追加数据信息

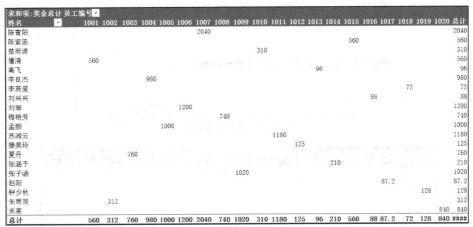

图 6-45　刷新数据透视表

图 6-46　刷新后的数据透视表

2. 更改透视表数字格式

默认状态下，数据透视表中的数据都是以常规形式显示的，其实用户可以将透视表中的数据更改为所需的数字格式。下面以将数据透视表中的"求和项：本月业绩奖金"和"总计"项目中的数据更改为货币形式为例加以介绍。

（1）将【员工编号】拖至【行标签】，将【姓名】拖至【列标签】，然后选中需要设置数字格式的单元格区域"C27:X48"，单击鼠标右键，在弹出的快捷菜单中选择【设置单元格格式】菜单项。如图 6-47 所示。

（2）随即弹出【单元格格式】对话框，切换到【数字】选项卡，在【分类】列表框中选择【货币】选项，在【小数位数】微调框中，将数值调整为"1"，其他选项保持默认设置。如图6-48所示。

（3）单击 确定 按钮，即可将所选单元格区域中的数字转换为货币形式。如图6-49所示。

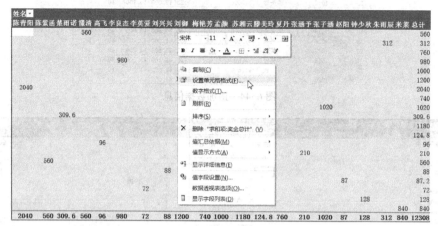

图 6-47　设置单元格格式

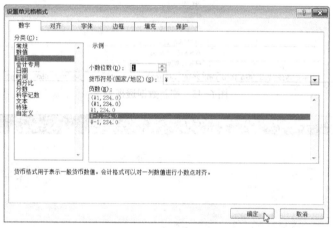

图 6-48　设置货币格式

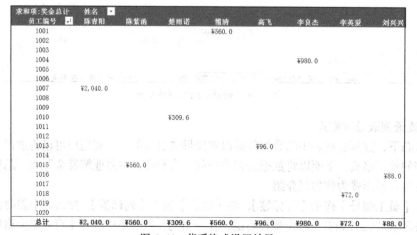

图 6-49　货币格式设置效果

3. 对数据透视表字段排序

用户可以对数据透视表中的字段进行排序，具体的操作步骤如下。

（1）单击"员工编号"右侧的下箭头按钮，在弹出的下拉列表中选择【降序】选项，如图 6-80 所示。

（2）此时即可按照"员工编号"降序排列员工的业绩奖金信息。如图 6-51 所示。

图 6-50　选择降序排列

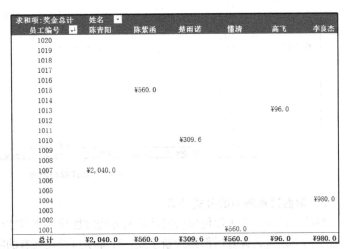

图 6-51　按员工编号降序排列结果

4. 数据透视表的组合

数据透视表中的项目组合功能是一项非常特殊的功能，它可以将某几个项目组合在一起，生成到新的项目组中。下面将"员工编号"中的 1001～1009、1010～1021 分别组合在一起，合称为"B 组"。具体的操作步骤如下。

（1）在数据透视表中选中单元格区域"B37:B46"，然后单击鼠标右键，在弹出的快捷菜单中选择【创建组】菜单项。如图 6-52 所示。

（2）系统会自动创建一个新的字段，标题为"员工编号 2"，并将选中的单元格区域合并到新的"数据组 1"项目中。如图 6-53 所示。

（3）使用相同的方法将单元格区域"B27:B36"合并到"数据组 2"中。如图 6-54 所示。

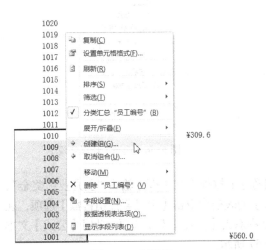

图 6-52　创建组

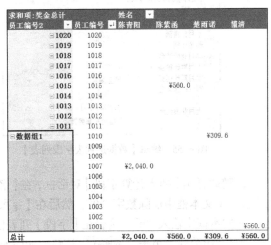

图 6-53　创建数据组 1

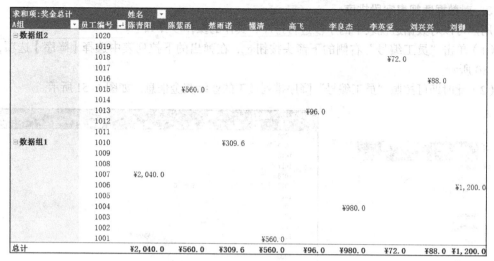

图 6-54 组合显示效果

5. 数据透视表中的公式计算

在数据透视表中可以使用公式计算的方法添加计算字段或计算项。计算字段是指通过对表格中含有的字段进行计算后得到的新字段。计算项是指在已有的字段中添加新的项，是通过对该字段现有的其他项计算后得到的。

无论是添加了字段还是项，系统都允许在表格中使用它们，它们就像是在数据源中真实存在的一样。

● **使用计算字段**

下面以添加并计算"上月业绩奖金"项目为例，介绍使用计算字段添加项目的方法。

① 将【本月业绩奖金】字段拖动到【数值】区域，取消选择【奖金总计】字段，切换到【数据透视表工具】栏中的【选项】选项卡（见图 6-55），单击【计算】组中的 域、项目和集▪按钮，在下拉列表中选择【计算字段】选项，如图 6-56 所示。

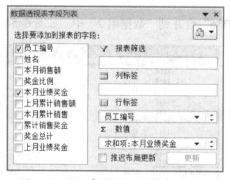

图 6-55 编辑【数据透视表字段列表】

图 6-56 选择【计算字段】

② 随即弹出【插入计算字段】对话框，在【名称】下拉列表文本框中输入"上月业绩奖金"，在【公式】文本框中清除数字"0"，然后在【字段】列表框中双击【上月累计销售额】选项，在【公式】文本框中输入"*"，接着在【字段】列表框中双击【奖金比例】选项，此时【公式】文本框中会显示出公式，单击 添加(A) 按钮，如图 6-57 所示。

③ 单击　确定　按钮，返回数据透视表，此时创建了一个新的"上月业绩奖金"字段，如图 6-58 所示。

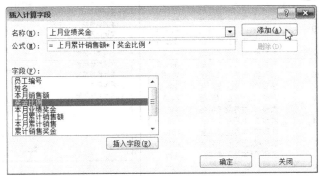

图 6-57　编辑【插入计算字段】对话框

员工编号2	员工编号	值	陈青阳	陈紫函	楚雨诺	懂清	高飞	李良杰
数据组2	1020	求和项:上月业绩奖金	¥0.0	¥0.0	¥0.0	¥0.0	¥0.0	¥0.0
		求和项:本月业绩奖金						
	1019	求和项:上月业绩奖金	¥0.0	¥0.0	¥0.0	¥0.0	¥0.0	¥0.0
		求和项:本月业绩奖金						
	1018	求和项:上月业绩奖金	¥0.0	¥0.0	¥0.0	¥0.0	¥0.0	¥0.0
		求和项:本月业绩奖金						
	1017	求和项:上月业绩奖金	¥0.0	¥0.0	¥0.0	¥0.0	¥0.0	¥0.0
		求和项:本月业绩奖金						
	1016	求和项:上月业绩奖金	¥0.0	¥0.0	¥0.0	¥0.0	¥0.0	¥0.0
		求和项:本月业绩奖金						
	1015	求和项:上月业绩奖金	¥0.0	¥400.0	¥0.0	¥0.0	¥0.0	¥0.0
		求和项:本月业绩奖金		¥560.0				
	1014	求和项:上月业绩奖金	¥0.0	¥0.0	¥0.0	¥0.0	¥0.0	¥0.0
		求和项:本月业绩奖金						
	1013	求和项:上月业绩奖金	¥0.0	¥0.0	¥0.0	¥0.0	¥164.0	¥0.0
		求和项:本月业绩奖金					¥96.0	
	1012	求和项:上月业绩奖金	¥0.0	¥0.0	¥0.0	¥0.0	¥0.0	¥0.0
		求和项:本月业绩奖金						
	1011	求和项:上月业绩奖金	¥0.0	¥0.0	¥0.0	¥0.0	¥0.0	¥0.0
		求和项:本月业绩奖金						
数据组1	1010	求和项:上月业绩奖金	¥0.0	¥0.0	¥372.0	¥0.0	¥0.0	¥0.0
		求和项:本月业绩奖金			¥309.6			
	1009	求和项:上月业绩奖金	¥0.0	¥0.0	¥0.0	¥0.0	¥0.0	¥0.0
		求和项:本月业绩奖金						

图 6-58　添加项目设置效果

● 使用计算项

下面以在数据透视表中添加"1001 与 1020 的业绩差额"计算项为例加以介绍。

（1）设计数据透视表布局

在创建计算项之前，首先设计数据透视表的布局，以便能够清晰、明了地读取和比较数据透视表中的数据信息。具体的操作步骤如下。

① 撤选【数据透视表字段列表】中的【姓名】复选框。将"姓名"项目从数据透视表中删除。如图 6-59 所示。

② 取消组合状态。在数据组 1 上单击鼠标右键，在弹出的快捷菜单中选择【取消组合】菜单项，取消数据组 1 的组合状态，然后使用同样的方法取消数据组 2 的组合状态。如图 6-60 所示。

③ 将【数值】字段拖动到【列标签】区域，此时"求和项：本月业绩奖金"和"求和项：上月业绩奖金"两个数据字段会并排显示在数据透视表中。如图 6-60 所示。

员工编号	值	
1020	求和项:上月业绩奖金	¥360.0
	求和项:本月业绩奖金	¥840.0
1019	求和项:上月业绩奖金	¥128.0
	求和项:本月业绩奖金	¥128.0
1018	求和项:上月业绩奖金	¥168.0
	求和项:本月业绩奖金	¥72.0
1017	求和项:上月业绩奖金	¥304.0
	求和项:本月业绩奖金	¥87.2
1016	求和项:上月业绩奖金	¥128.0
	求和项:本月业绩奖金	¥88.0
1015	求和项:上月业绩奖金	¥400.0
	求和项:本月业绩奖金	¥560.0
1014	求和项:上月业绩奖金	¥360.0
	求和项:本月业绩奖金	¥210.0
1013	求和项:上月业绩奖金	¥164.0
	求和项:本月业绩奖金	¥96.0
1012	求和项:上月业绩奖金	¥208.0
	求和项:本月业绩奖金	¥124.8
1011	求和项:上月业绩奖金	¥400.0
	求和项:本月业绩奖金	¥1,180.0
1010	求和项:上月业绩奖金	¥372.0
	求和项:本月业绩奖金	¥309.6
1009	求和项:上月业绩奖金	¥300.0
	求和项:本月业绩奖金	¥1,020.0

图 6-59 取消【姓名】选项

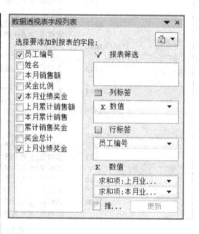

员工编号	求和项:上月业绩奖金	求和项:本月业绩奖金
1020	¥360.0	¥840.0
1019	¥128.0	¥128.0
1018	¥168.0	¥72.0
1017	¥304.0	¥87.2
1016	¥128.0	¥88.0
1015	¥400.0	¥560.0
1014	¥360.0	¥210.0
1013	¥164.0	¥96.0
1012	¥208.0	¥124.8
1011	¥400.0	¥1,180.0
1010	¥372.0	¥309.6
1009	¥300.0	¥1,020.0
1008	¥480.0	¥740.0
1007	¥720.0	¥1,040.0
1006	¥240.0	¥1,200.0
1005	¥560.0	¥1,000.0
1004	¥580.0	¥980.0
1003	¥360.0	¥760.0
1002	¥312.0	¥312.0
1001	¥176.0	¥560.0
总计	¥137,151.0	¥11,307.6

图 6-60 取消组合状态并将【数值】字段拖动到【列标签】区域

（2）添加"1001 与 1020 的业绩差额"计算项

如果想在数据透视表中查看员工编号为"1001"和"1020"之间的业绩奖金与销售差额情况，可以在数据透视表中添加"1001 与 1020 的业绩差额"计算项。具体的操作步骤如下。

① 将【本月销售额】和【上月累计销售额】两个字段拖至数据透视表的【数值】区域，然后选中【员工编号】字段，切换到【数据透视表工具】选项卡的【选项】选项卡，单击【计算】组中的 域、项目和集 ·按钮，在下拉菜单中选择【计算项】菜单项。

② 弹出【在"员工编号"中插入计算字段】对话框，在【名称】下拉列表文本框中输入名称"1001 与 1020 的业绩差额"，在【公式】文本框中清除数字"0"，然后在【字段】列表框中选择【员工编号】选项，在【项】列表框中双击【1020】选项，输入"-"，接着在【项】列表框中双击【1001】选项，再单击 添加(A) 按钮。如图 6-61 所示。

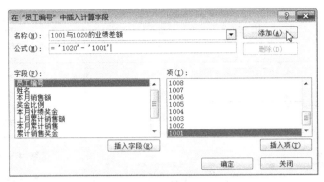

图 6-61 编辑【在"员工编号"中插入计算字段】对话框

③ 单击 确定 按钮，返回数据透视表，此时即可显示出添加的"1001 与 1020 的业绩差额"计算项。如图 6-62 所示。

员工编号	求和项:上月业绩奖金	求和项:本月业绩奖金	求和项:本月销售额	求和项:上月累计销售额
1001与1020的业绩差额	¥28.0	¥280.0	¥700.0	¥700.0
1020	¥360.0	¥840.0	¥4,200.0	¥1,800.0
1019	¥128.0	¥128.0	¥1,600.0	¥1,600.0
1018	¥168.0	¥72.0	¥900.0	¥2,100.0
1017	¥304.0	¥87.2	¥1,090.0	¥3,800.0
1016	¥128.0	¥88.0	¥1,100.0	¥1,600.0
1015	¥400.0	¥560.0	¥3,500.0	¥2,500.0
1014	¥360.0	¥210.0	¥2,100.0	¥3,600.0
1013	¥164.0	¥96.0	¥1,200.0	¥2,050.0
1012	¥208.0	¥124.8	¥1,560.0	¥2,600.0
1011	¥400.0	¥1,180.0	¥5,900.0	¥2,000.0
1010	¥372.0	¥309.6	¥2,580.0	¥3,100.0
1009	¥300.0	¥1,020.0	¥5,100.0	¥1,500.0
1008	¥480.0	¥740.0	¥3,700.0	¥2,400.0
1007	¥720.0	¥1,040.0	¥5,200.0	¥3,600.0
1006	¥240.0	¥1,200.0	¥6,000.0	¥1,200.0
1005	¥560.0	¥1,000.0	¥5,000.0	¥2,800.0
1004	¥580.0	¥980.0	¥4,900.0	¥2,900.0
1003	¥360.0	¥760.0	¥3,800.0	¥1,800.0
1002	¥312.0	¥312.0	¥2,600.0	¥2,600.0
1001	¥176.0	¥560.0	¥3,500.0	¥1,100.0
总计	¥141,103.0	¥11,587.6	¥66,230.0	¥47,350.0

图 6-62 插入"1001 与 1020 的业绩差额"计算项

（3）显示出数据透视表中使用的公式

为了方便修改和查看添加计算字段或计算项使用的公式，可以将其一一列出。具体的操作步骤如下。

① 切换到【数据透视表工具】栏中的【选项】选项卡，单击【计算】组中的 域、项目和集· 按钮，在下拉列表中选择【列出公式】选项。

② 此时系统会在新的工作表中显示出计算字段或计算数据项所使用的公式。如图 6-63 所示。

6. 刷新数据透视表

当表中的数据信息发生变化时，数据透视表中的数据不会随即发生改变。为此用户除了手动刷新数据透视表外，还可以设置在打开数据透视表时自动刷新透视表数据。具体的操作步骤如下。

（1）在数据透视表中的任意一个单元格上单击鼠标右键，在弹出的快捷菜单中选择【数据透视表选项】菜单项。如图 6-64 所示。

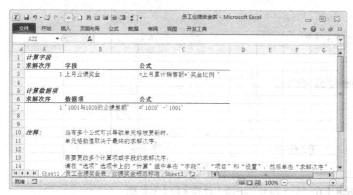

图 6-63　列出数据透视表中使用的公式　　　　　图 6-64　选择【数据透视表选项】

（2）弹出【数据透视表选项】对话框，切换到【数据】选项卡，在【数据透视表数据】组合框中选中【打开文件时刷新数据】复选框，然后单击 确定 按钮，这样用户在打开文件时，系统就会自动刷新数据透视表中的数据。如图 6-65 所示。

图 6-65　编辑【数据透视表选项】对话框

练 兵 场

一、打开【习题】文件夹中的表格文件："练习题/原始文件/06/【超市饮料类货物进货明细】"，并按以下要求进行设置。

1. 将单元格区域"A1：I1"合并且居中，将标题字体设置为【18】号【隶书】；单元格区域"A2：I2"字体设置为【11】号【黑体】；其他区域数据字体设置为【11】号【仿宋】。

2. 将标题单元格填充为【淡绿色】；将单元格区域"A2：I2"填充为【黄色】；将"单价"列数据设置为货币格式，保留两位小数，自动调整单元格列宽并使字体居中对齐。

3. 根据"供货厂商"进行自定义排序，顺序为"汇源，雀巢，统一，康师傅，娃哈哈，可口可乐。"

4. 以"供货厂商"为主要关键字，以"进货时间"为次要关键字对表格进行升序排列。

（最终效果见："练习题/最终效果/06/【超市饮料类货物进货明细】"）

二、打开【习题】文件夹中的表格文件："练习题/原始文件/06/【超市饮料类货物进货明细 1】"，并按以下要求进行设置。

1. 计算出"总价"列的数据并将其设置为货币格式（注：总价=单价*数量）。

2. 根据"供货厂商"对"总价"进行分类汇总。

3. 将表格的汇总显示设置为只显示二级分类记录。

4. 隐藏表格中的网格线。

（最终效果见："练习题/最终效果/06/【超市饮料类货物进货明细 1】"）

三、打开【习题】文件夹中的表格文件："练习题/原始文件/06/【会员消费返利表】"，并按以下要求进行设置。

1. 隐藏工作表中的网格线，并将【本月消费额】和【本月累计消费额】列的数据设置为货币格式，保留 0 位小数。

2. 利用函数计算出【返利比率】，并将其设置为百分比格式。【小数位数】为 0，然后计算出【本月返利金额】和【本月累计消费额】并填充。

3. 当本月累计消费金额大于 5000 时，能够获得 200 的"累计消费返利"，利用公式计算出"累计消费返利"，然后计算出"返利总计"并填充。

4. 根据"本月消费额"对工作表进行降序排列，然后筛选出"返利总计"大于 200 的会员信息。

（最终效果见："练习题/最终效果/06/【会员消费返利表】"）

四、打开【习题】文件夹中的表格文件："练习题/原始文件/06/【会员消费返利表 1】"，并按以下要求进行设置。

1. 在工作表中插入数据透视表，"姓名"为行标签，"会员编号"为列标签，"返利总计"为数值，并以表格形式显示数据透视表。

2. 在"会员消费返利表"中插入一条名为"虞姬"的新信息，并刷新数据透视表，然后将数据透视表中的数字设置为货币格式。

3. 将会员编号 1-10 组合成一个数据组，编号 11-20 组合成一个数据组。在数据透视表中插入新的计算字段"上月消费返利"（注：上月消费返利=上月累计消费额*返利比率）。

4. 显示出数据透视表中使用的公式。将数据透视表设置为"打开数据透视表时自动刷新数据透视表"。

（最终效果见："练习题/最终效果/06/【会员消费返利表 1】"）

第7章 数据处理与分析

Excel 具有强大的数据处理和数据分析功能，其中包括合并计算、单变量求解、模拟运算以及规划求解等。恰当地使用这些功能可以极大地提高日常办公中的工作效率。本章通过几个实例介绍这些功能的使用方法。

7.1 销售利润提成表

实例目标

销售利润提成表是企业记录销售利润的表单（见图 7-1），对销售利润进行记录是企业进行销售管理的重要组成部分。本节将介绍销售利润提成表的相关计算。

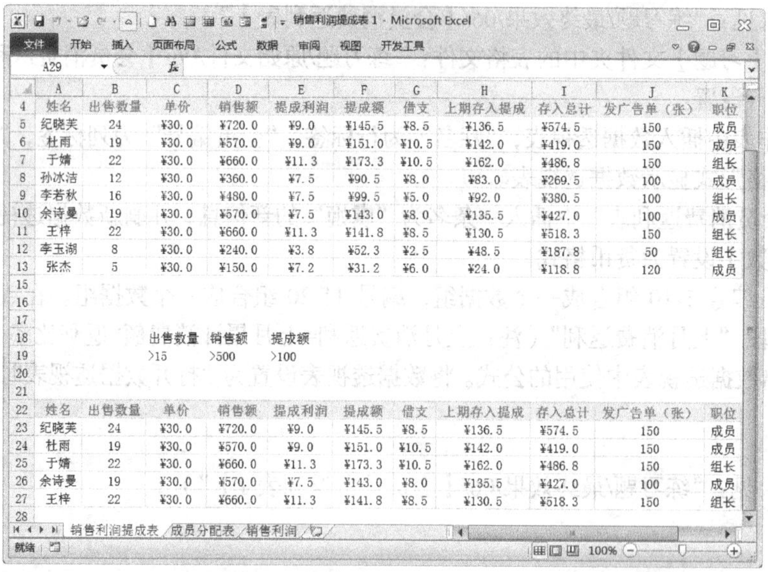

	A	B	C	D	E	F	G	H	I	J	K
4	姓名	出售数量	单价	销售额	提成利润	提成额	借支	上期存入提成	存入总计	发广告单（张）	职位
5	纪晓芙	24	¥30.0	¥720.0	¥9.0	¥145.5	¥8.5	¥136.5	¥574.5	150	成员
6	杜雨	19	¥30.0	¥570.0	¥9.0	¥151.0	¥10.5	¥142.0	¥419.0	150	成员
7	于婧	22	¥30.0	¥660.0	¥11.3	¥173.3	¥10.5	¥162.0	¥486.8	150	组长
8	孙冰洁	12	¥30.0	¥360.0	¥7.5	¥90.5	¥8.0	¥83.0	¥269.5	100	成员
9	李若秋	16	¥30.0	¥480.0	¥7.5	¥99.5	¥5.0	¥92.0	¥380.5	100	组长
10	余诗曼	19	¥30.0	¥570.0	¥7.5	¥143.0	¥8.0	¥135.5	¥427.0	100	成员
11	王梓	22	¥30.0	¥660.0	¥11.3	¥141.8	¥8.5	¥130.5	¥518.3	150	组长
12	李玉湖	8	¥30.0	¥240.0	¥3.8	¥52.3	¥2.5	¥48.5	¥187.8	50	组长
13	张杰	5	¥30.0	¥150.0	¥7.2	¥31.2	¥6.0	¥24.0	¥118.8	120	成员
15											
16											
17											
18			出售数量	销售额	提成额						
19			>15	>500	>100						
20											
21											
22	姓名	出售数量	单价	销售额	提成利润	提成额	借支	上期存入提成	存入总计	发广告单（张）	职位
23	纪晓芙	24	¥30.0	¥720.0	¥9.0	¥145.5	¥8.5	¥136.5	¥574.5	150	成员
24	杜雨	19	¥30.0	¥570.0	¥9.0	¥151.0	¥10.5	¥142.0	¥419.0	150	成员
25	于婧	22	¥30.0	¥660.0	¥11.3	¥173.3	¥10.5	¥162.0	¥486.8	150	组长
26	余诗曼	19	¥30.0	¥570.0	¥7.5	¥143.0	¥8.0	¥135.5	¥427.0	100	成员
27	王梓	22	¥30.0	¥660.0	¥11.3	¥141.8	¥8.5	¥130.5	¥518.3	150	组长
28											

图 7-1 销售利润提成表最终效果

实例解析

本例在制作之前，可以从以下几个方面进行分析和资料准备。

（1）**确定销售利润提成表的内容。**销售利润提成表中应该包含姓名、售出数量、单价、销售额、提成利润、提成额、借支、上期存入提成、发广告单、职位等情况。

（2）**制作销售利润提成表**。制作销售利润提成表首先要输入各项目名称及数据，然后对单元格进行设置，对工作表进行排序、分类汇总。

（3）**在表格中输入数据**。本例中的数据输入主要涉及两种方式：一种是直接在单元格中输入；另一种是快速填充输入。

操作过程

综上所述，本例的制作思路如图 7-2 所示，涉及的知识点有在工作表中输入数据、设置单元格格式、利用公式进行计算、数据填充、合并计算、数据筛选、单变量求解等。

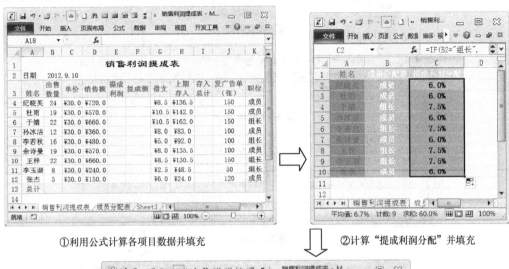

①利用公式计算各项目数据并填充　　　　②计算"提成利润分配"并填充

③合并计算"提成额"

④创建"销售利润"工作表并进行相关计算

图 7-2　销售利润提成表制作思路

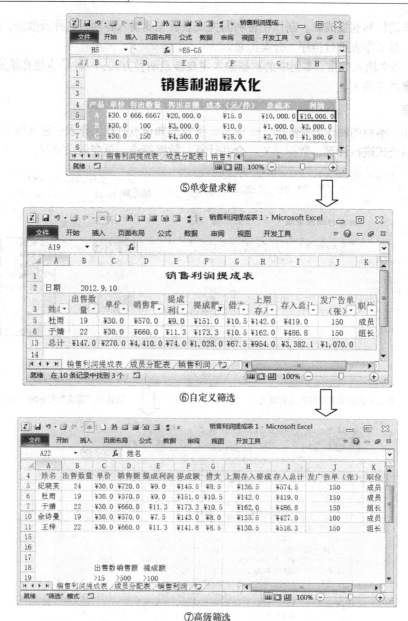

⑤单变量求解

⑥自定义筛选

⑦高级筛选

图 7-2 销售利润提成表制作思路（续）

下面将具体讲解本例的制作过程。

7.1.1　使用合并计算功能计算提成工资

使用合并计算功能可以将每个单独工作表中的数据合并计算到一个工作表中，也可以合并计算到工作簿中，以便能够更容易地对数据进行定期或者不定期的更新和汇总。下面介绍使用合并计算功能处理销售利润提成表的方法。

本实例原始文件和最终效果所在位置如下。	
原始文件	素材\原始文件\07\销售利润提成表.xlsx
最终效果	素材\最终效果\07\销售利润提成表.xlsx

在使用合并计算功能计算"提成额"之前，首先计算"销售额"、"提成利润"和"职务"等项目。

（1）计算"销售额"。打开本实例的原始文件，切换到"销售利润提成表"工作表中。在单元格 D4 中输入以下公式，输入完毕按下【Enter】键确认输入，然后使用鼠标拖动的方法将此公式复制到单元格 D12 中，接着将单元格区域"D4:D12"的数字格式设置为货币形式，并保留 1 位小数，如图 7-3 所示。

=C4*B4

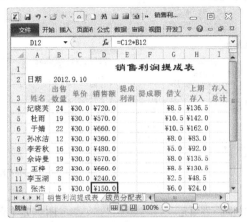

图 7-3　计算"销售额"并设置货币格式

（2）计算"职位"。选中单元格 K4，然后输入以下公式，输入完毕按下【Enter】键确认输入，然后使用鼠标拖动的方法将此公式复制到单元格 K12 中，如图 7-4 所示。

=VLOOKUP(A4,成员分配表!$A$2:$C$11,2)

（3）计算"提成利润"。切换到"成员分配表"工作表中，在单元格 C2 中输入以下公式，输入完毕按下【Enter】键确认输入，然后使用鼠标拖动的方法将此公式复制到单元格 C10 中，接着将单元格区域"C2:C10"的数字格式设置为百分比形式，并保留 1 位小数，如图 7-5 所示。

=IF(B2="组长",7.5%,6%)

图 7-4　计算"职位"并填充

图 7-5　计算"提成利润分配"并填充

（4）切换到"销售利润提成表"工作表中，在单元格 E4 中输入以下公式，输入完毕按下【Enter】键确认输入，然后使用鼠标拖动的方法将此公式复制到单元格 E12 中，接着将单元格区域"E4:E12"的数字格式设置为货币形式，并保留 1 位小数，如图 7-6 所示。

`=J4*VLOOKUP(A4,成员分配表!$A$2:$C$11,3)`

（5）使用合并计算功能计算"提成额"。选中单元格区域"F4:F12"，切换到【数据】选项卡，单击【数据工具】组中的 合并计算 按钮。

（6）随即弹出【合并计算】对话框，在【函数】下拉列表中选择【求和】选项，然后单击【引用位置】文本框右侧的【折叠】按钮，如图 7-7 所示。

图 7-6　计算"提成利润"并填充　　　　　　图 7-7　【合并计算】对话框

（7）此时该对话框处于折叠状态，在工作表中选中单元格区域"H4:H12"，此时选中的单元格区域显示在【合并计算 – 引用位置：】对话框中，选择完毕单击【展开】按钮，如图 7-8 所示。

（8）展开【合并计算】对话框，然后单击 添加(A) 按钮，即可将选定的单元格区域"H4:H12"添加到【所有引用位置】列表框中，接着再次单击【引用位置】文本框右侧的【折叠】按钮，如图 7-9 所示。

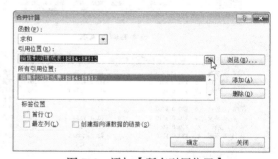

图 7-8　选择引用位置　　　　　　　　　图 7-9　添加【所有引用位置】

（9）在工作表中选中单元格区域"E4:E12"，然后单击【展开】按钮，展开【合并计算】对话框，单击 添加(A) 按钮，设置完毕单击 确定 按钮，如图 7-10 所示。

（10）返回工作表中即可求出"提成额"，然后将单元格区域"F4:F12"的数字格式设置为货币形式，并保留 1 位小数，如图 7-11 所示。

图 7-10　再次添加【所有引用位置】　　　　　图 7-11　计算"提成额"并填充公式

7.1.2　利用单变量求解实现利润最大化

利用 Excel 2003 的单变量求解功能可以在给定公式的前提下，通过调整可变单元格中的数值来寻求目标单元格中的目标值。本小节使用单变量求解来实现提成利润的最大化。

本实例原始文件和最终效果所在位置如下。	
原始文件	素材\原始文件\07\销售利润提成表1.xlsx
最终效果	素材\最终效果\07\销售利润提成表1.xlsx

在使用单变量求解计算利润之前，首先需要在目标单元格中输入相关公式。具体的操作步骤如下。

（1）打开本实例的原始文件，将工作表"Sheet3"重命名为"销售利润"，然后输入标题和相关数据，并设置单元格的格式，隐藏工作表中的网格线。如图 7-12 所示。

（2）计算"总成本"。选中单元格 G5，输入以下公式，输入完毕按下【Enter】键确认输入，然后使用鼠标拖动的方法将此公式复制到单元格 G7 中。如图 7-13 所示。

```
=F5*D5
```

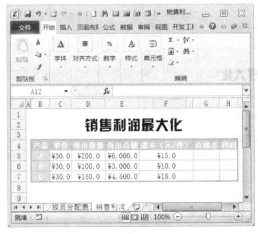

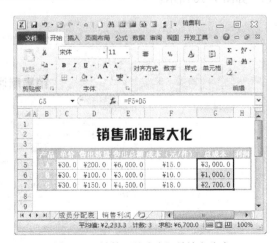

图 7-12　新建工作表并输入数据，设置单元格格式　　　图 7-13　计算"总成本"并填充公式

（3）计算"利润"。选中单元格 H5，输入以下公式，输入完毕按下【Enter】键确认输入，然后使用鼠标拖动的方法将此公式复制到单元格 H7 中。如图 7-14 所示。

=E5-G5

图 7-14　计算"利润"并填充公式

（4）公式输入完毕，接下来求解"当产品 A 的利润达到 10,000 时售出的数量是多少。"选中单元格 H5，然后选择切换到【数据】选项卡，单击【数据工具】组中的 模拟分析 按钮，在下拉菜单中选择【单变量求解】菜单项。如图 7-15 所示。

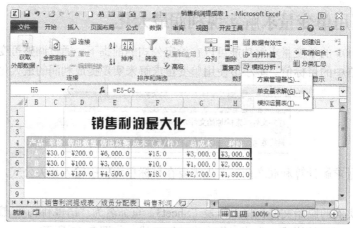

图 7-15　选择【单变量求解】

（5）随即弹出【单变量求解】对话框，在【目标单元格】文本框中输入"$H$5"，在【目标值】文本框中输入"10,000"，在【可变单元格】文本框中输入"$D$5"，然后单击 确定 按钮。如图 7-16 所示。

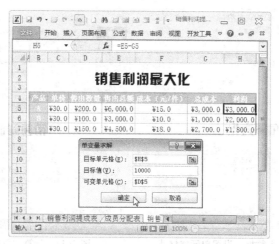

图 7-16　编辑【单变量求解】对话框

（6）弹出【单变量求解状态】对话框，显示出对单元格 H5 进行单变量求解得到的结果，单击 ▢ 确定 ▢ 按钮，如图 7-17 所示。

（7）返回工作表，即可看到使用单变量求解得出的结果，如图 7-18 所示。

图 7-17　【单变量求解状态】对话框

图 7-18　【单变量求解】结果

7.1.3　筛选销售利润表

为了更好地了解销售利润情况，还需要对销售利润表进行比较和分析。本小节介绍对销售利润数据进行筛选的方法。

本实例原始文件和最终效果所在位置如下。	
原始文件	素材\原始文件\07\销售利润提成表2.xlsx
最终效果	素材\最终效果\07\销售利润提成表2.xlsx

1.　自定义筛选销售提成额

下面使用自定义筛选的方法筛选提成额为 100～150 元的记录，具体的操作步骤如下。

（1）打开本实例的原始文件，切换到"销售利润提成表"工作表中，首先计算"存入总计"，由于"存入总计=销售额 – 提成额"，所以在单元格 I4 中输入公式"=D4-F4"。如图 7-19 所示。

（2）输入完毕按下【Enter】键确认输入，然后使用鼠标拖动的方法将此公式复制到单元格 I12 中。

（3）计算"总计"。选中单元格 B13，然后切换到【公式】选项卡，单击【函数库】组中的 Σ 自动求和▾ 按钮，系统会自动对单元格区域"B4:B12"求和，然后按下【Enter】键确认输入。如图 7-20 所示。

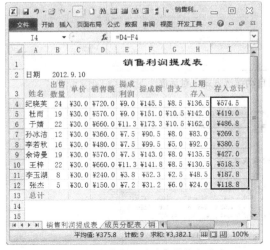

图 7-19　计算【存入总计】并填充公式

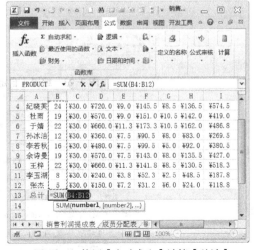

图 7-20　使用【自动求和】计算【总计】

（4）将公式填充至"K13"单元格。由于在筛选数据时"总计"行用不到，因此可以将其隐藏起来。在第13行的行号上单击鼠标右键，在弹出的快捷菜单中选择【隐藏】菜单项即可，如图7-21所示。

（5）选中单元格区域"A3:K3"，切换到【数据】选项卡，单击【排序和筛选】组中的【筛选】按钮 。

（6）此时在每个列标题的右下侧都会出现一个下箭头按钮 ，单击【提成额】右侧的下箭头按钮 ，在弹出的下拉列表中选择【数字筛选】，然后在弹出的联级菜单中选择【自定义筛选】菜单项，如图7-22所示。

图7-21　隐藏单元格

图7-22　选择【自定义筛选】

（7）随即弹出【自定义自动筛选方式】对话框，在【提成额】下拉列表中选择【大于】选项，在其右侧的文本框中输入"100"，然后选中【与】单选钮，在其下面的下拉列表中选择【小于】选项，在其右侧的文本框中输入"150"，单击 确定 按钮，如图7-23所示。

（8）此时，工作表中会显示提成额为100~150元的销售记录，如图7-24所示。

图7-23　编辑【自定义自动筛选方式】对话框

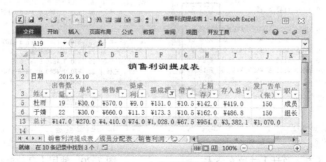

图7-24　自定义筛选结果

2. 高级筛选多个条件

当用户要筛选多个条件时，自动筛选功能就会显得很麻烦，此时可以使用高级筛选。在进行高级筛选之前，首先要在工作表中设置筛选条件，建立一个条件区域，用于存放筛选数据所满足的条件。假设这里要筛选"售出数量"大于 15，"销售额"大于 500，"提成额"大于 100 的销售记录。具体的操作步骤如下。

（1）取消前面的自定义筛选。直接单击【筛选】按钮 ▽ 即可。在第 3 行行号上单击鼠标右键，在弹出的快捷菜单中选择【插入】菜单项，即可在列标题的前面插入一空行。如图 7-25 所示。

（2）取消列标题的自动换行状态。选中单元格区域"A4:K4"，切换到【开始】选项卡，单击【对齐方式】组中的【自动换行】按钮 ，如图 7-26 所示。

图 7-25　插入空行

图 7-26　取消【自动换行】

（3）建立筛选条件的条件区域。在单元格区域"C18:E19"中输入要查询的条件，如图 7-27 所示。

（4）切换到【数据】选项卡，单击【排序和筛选】组中的 高级 按钮，随即弹出【高级筛选】对话框，在【方式】组合框中选中【在原有区域显示筛选结果】单选钮，在【列表区域】文本框中输入"销售利润提成表!\$A\$4:\$K\$13"，在【条件区域】文本框中输入"销售利润提成表!\$C\$18:\$E\$19"，然后单击 确定 按钮，如图 7-28 所示。

图 7-27　建立筛选条件区域

图 7-28　编辑【高级筛选】对话框

（5）返回工作表，即在原有的数据区域显示筛选结果。如图 7-29 所示。

（6）在设置【高级筛选】对话框时，如果在【方式】组合框中选中【将筛选结果复制到其他位置】单选钮，系统则会自动在【条件区域】文本框的下面出现一个【复制到】文本框，然后按照图 7-30 所示的文本框中输入相应的引用区域，输入完毕单击 确定 按钮即可。

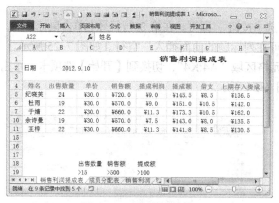

图 7-29　高级筛选结果

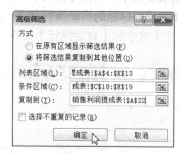

图 7-30　将筛选结果复制到其他区域

（7）返回工作表中，系统会自动在自定义的单元格区域内显示筛选结果，如图 7-31 所示。

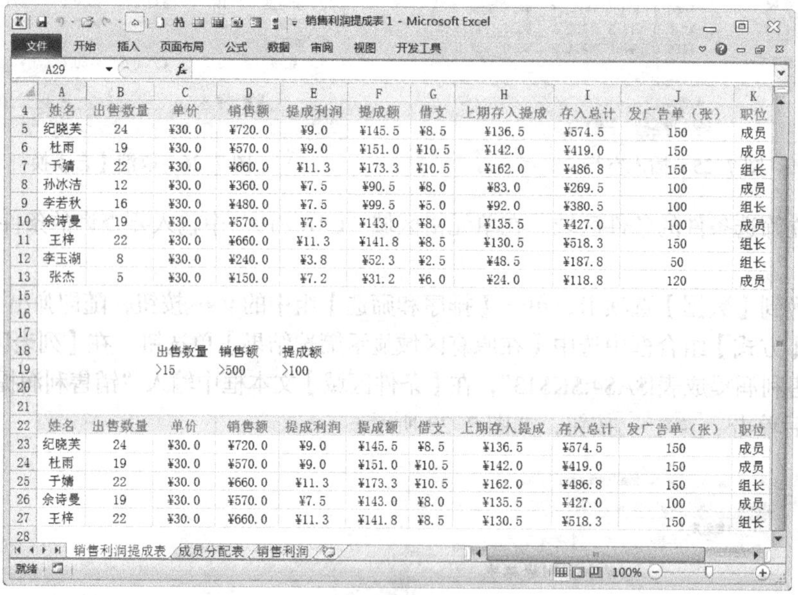

图 7-31　最终筛选结果

7.2　客户预定及销售进度表单

📖 实例目标

客户预定及销售进度表单是企业记录客户预定产品以及产品销售进度的表格（见图 7-32）。本节将介绍客户预定及销售进度表单的制作、使用模拟运算计算相关数据以及保护工作簿等方法。

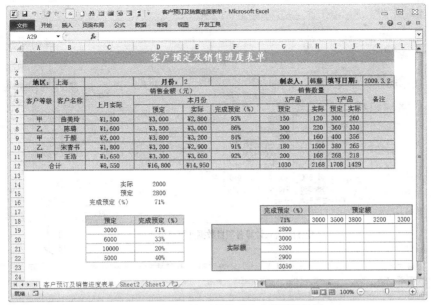

图 7-32　客户预定及销售进度表单最终效果

🎵 **实例解析**

本例在制作之前，可以从以下几个方面进行分析和资料准备。

（1）确定客户预定及销售进度表单的内容。客户预定及销售进度表单中应该包含地区、月份、制表人等情况。

（2）制作客户预定及销售进度表单。制作客户预定及销售进度表单首先要输入各项目及数据，然后对单元格进行设置，对工作表进行排序、分类汇总。

（3）在表格中输入数据。本例中的数据输入主要涉及两种方式：一种是直接在单元格中输入；另一种是快速填充输入。

操作过程

结合上述分析，本例的制作思路如图 7-33 所示，涉及的知识点有在工作表中输入数据、设置单元格格式、利用公式进行计算、数据填充、合并计算、数据筛选、单变量求解等。

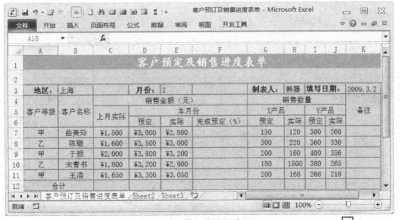

①创建和重命名工作表，输入数据并设置单元格

图 7-33　客户预定及销售进度表单制作思路

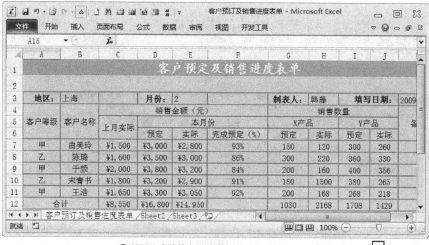

②利用公式计算各项目数据并填充公式

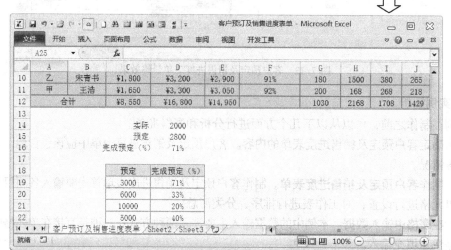

③创建单变量模拟运算表

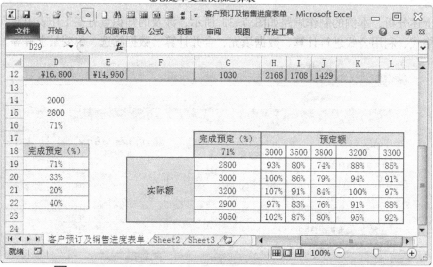

④创建双变量模拟运算表

图 7-33　客户预定及销售进度表单制作思路（续）

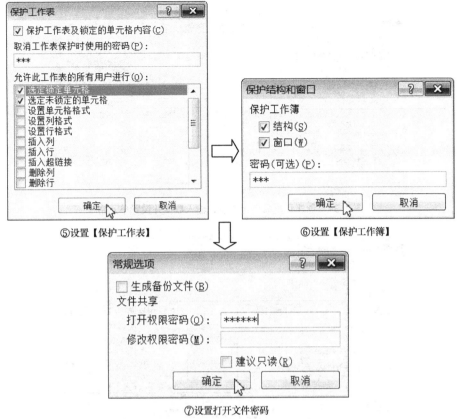

⑤设置【保护工作表】　　　　　　　⑥设置【保护工作簿】

⑦设置打开文件密码

图 7-33　客户预定及销售进度表单制作思路（续）

7.2.1　使用模拟运算

在客户预定及销售进度表中，如果要查看公式中某些数值的变化对计算结果的影响，可以创建一个单元格区域，使用模拟运算表来查找和比较数据。

本实例原始文件和最终效果所在位置如下。	
原始文件	无
最终效果	素材\最终效果\07\客户预定及销售进度表单.xlsx

1. 单变量模拟运算

使用单变量模拟运算表可以查看一个变量对一个或者多个公式的影响。下面使用单变量模拟运算的方法来实现在实际额不变、预定额变化的条件下对完成预定比例的影响，具体的操作步骤如下。

（1）创建一个空白工作簿，将其以"客户预定及销售进度表单.xlsx"为名称保存在适当的位置。将工作表"Sheet1"重命名为"客户预定及销售进度表单"，然后输入标题、列标题以及相关数据信息，并设置单元格格式和表格的列宽值，隐藏工作表的网格线，如图 7-34 所示。

（2）首先计算"完成预定（%）"。在单元格 F7 中输入以下公式，输入完毕单击【Enter】键确认输入，然后使用鼠标拖动的方法将此公式复制到单元格 F11 中，如图 7-35 所示。

=E7/D7

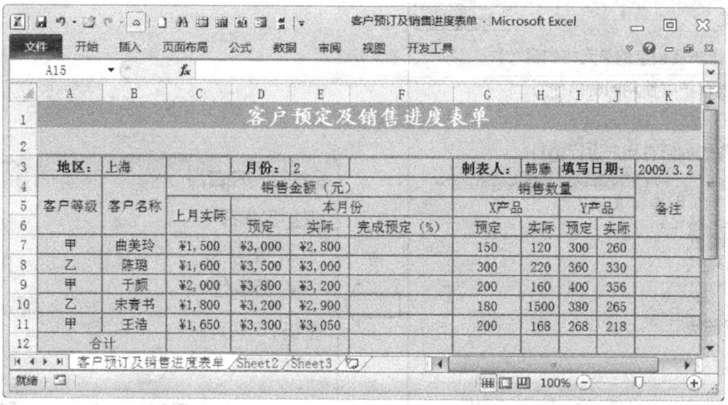

图 7-34　创建和重命名工作表，输入数据并设置单元格

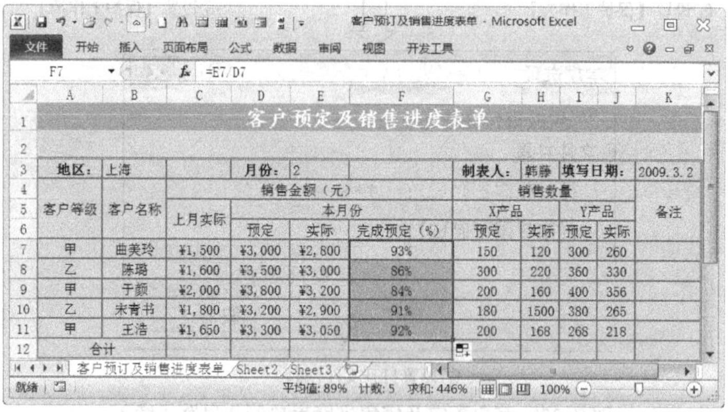

图 7-35　计算"完成预定"并设置为百分比格式

（3）计算"合计"。在单元格 C12 中输入以下公式，输入完毕单击【Enter】键确认输入，然后使用鼠标拖动的方法将此公式复制到单元格 J12 中，删除单元格 F12 中的数据，接着将单元格区域"C12:E12"中的数字形式设置为货币形式，无小数位数，如图 7-36 所示。

=SUM(C7:C11)

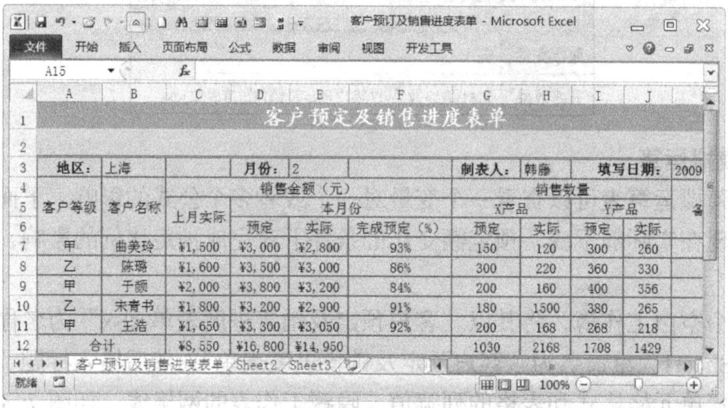

图 7-36　计算"合计"并填充公式，设置数字格式

（4）建立单变量模拟表区域。首先分别在单元格区域"C14:D16"和"C18:D22"中输入相关的数据信息。选中单元格 D16 和 D19，然后输入公式"=$D$14/$D$15"，按下【Ctrl】+【Enter】组合键确认输入，即可同时计算出完成预定额，如图 7-37 所示。

图 7-37　建立单变量模拟表区域并计算完成预定额

（5）选中需要进行模拟运算的单元格区域"C19:D22"，然后切换到【数据】选项卡，单击【数据工具】组中的【模拟分析】按钮 ，在下拉列表中选择【模拟运算表】选项，如图 7-38 所示。

（6）随即弹出【模拟运算表】对话框，将光标定位在【输入引用列的单元格】中，出现闪烁的竖条，然后单击"D15"单元格，此时选中的单元格 D15 即显示在文本框中（用户也可使用前面介绍过的【折叠】和【展开】按钮选择目标单元格），然后单击 确定 按钮，如图 7-39 所示。

图 7-38　选择【模拟运算表】

图 7-39　编辑【模拟运算表】

（7）此时即可看到创建的单变量模拟运算表，从中可以看出不同"预定"下的"完成预定（%）"情况，如图 7-40 所示。

图 7-40　模拟运算结果

2. 双变量模拟运算

如果在预定额和实际额都给定的条件下，查看完成预定比例所受到的影响，就可以通过双变量模拟运算表来实现。具体的操作步骤如下。

（1）在工作表的单元格区域"F17:L23"中建立基本表格，并设置单元格格式。接着分别在单元格区域"H18:L18"和"G19:G23"中输入本月份的预定销售额和实际销售额，然后在单元格G18中输入公式"=$D$14/$D$15"计算结果，如图7-41所示。

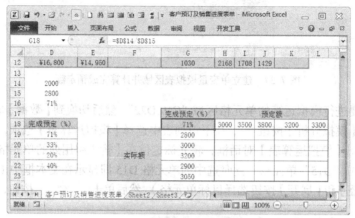

图7-41　利用公式计算"完成预定（%）"

（2）选中作为模拟运算表的单元格区域"G18:L23"，然后单击【模拟运算表】菜单项，弹出【模拟运算表】对话框，在【输入引用行的单元格】文本框中输入"$D$15"，在【输入引用列的单元格】文本框中输入"$D$14"，如图7-42所示。

图7-42　编辑【模拟运算表】对话框

（3）单击 确定 按钮，返回工作表，此时即可看出"预定额"和"实际额"对计算结果"完成预定（%）"的影响，如图7-43所示。

（4）当用户对模拟运算表中的数据进行修改、删除或者移动时，就会弹出【Microsoft Excel】提示对话框，提示用户不能更改模拟运算表中的某部分数据，如图7-44所示。

（5）如果要删除模拟运算表中的数据，需要先按下【Esc】键，选中单元格区域"H19:L23"，然后按下【Delete】键即可。用户也可以选中单元格区域"F17:L23"，然后选择【编辑】➤【清除】➤【全部内容】菜单项，将整个模拟运算表清除，如图7-45所示。

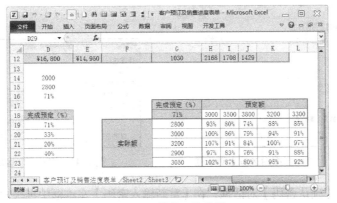

图 7-43　模拟运算结果

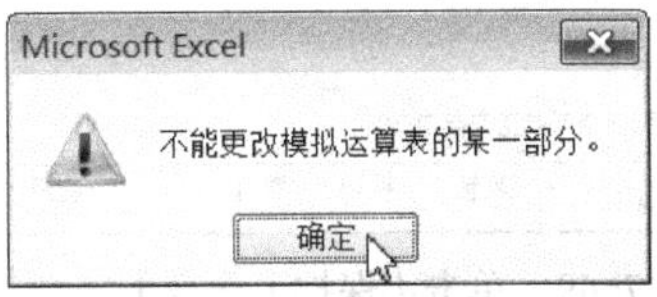

图 7-44　系统提示

图 7-45　删除模拟运算

7.2.2　保护客户预定及销售进度表

为了防止他人查看或者更改客户"预定及销售进度表"中的数据信息，可以对整个工作表进行保护，也可以对工作表中的部分单元格数据进行保护。

本实例原始文件和最终效果所在位置如下。	
原始文件	素材\原始文件\07\客户预定及销售进度表单1.xlsx
最终效果	素材\最终效果\07\客户预定及销售进度表单1.xlsx

1.　允许对指定区域进行编辑

默认情况下，单元格处于锁定状态，由于系统只对锁定的单元格起保护作用，因此在这里不需要设定。

假设用户对"客户预定及销售进度表"进行保护后，只允许对单元格区域"C7:K12"进行编辑，可以首先设置允许用户编辑的区域，然后再对工作表进行保护。具体的操作步骤如下。

（1）打开本实例的原始文件，选中单元格区域"C7:K12"，然后切换到【审阅】选项卡，单击【更改】组中的 允许用户编辑区域 按钮，随即弹出【允许用户编辑区域】对话框，单击 新建(N)... 按钮，如图 7-46 所示。

（2）随即弹出【新区域】对话框，在【引用单元格】文本框中显示出选中的单元格区域"C7:K12"，在【区域密码】文本框中输入密码"123"，然后单击 确定 按钮，如图 7-47 所示。

图 7-46　编辑【允许用户编辑区域】对话框

图 7-47　编辑【新区域】对话框

（3）随即弹出【确认密码】对话框，在【重新输入密码】文本框中再次输入密码"123"，然后单击 ◯确定◯ 按钮，如图 7-48 所示。

（4）返回【允许用户编辑区域】对话框，此时在【工作表受保护时使用密码取消锁定的区域】列表框中会显示标题名和引用单元格，然后单击 ◯保护工作表(O)...◯ 按钮，如图 7-49 所示。

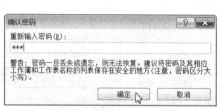

图 7-48　确认密码

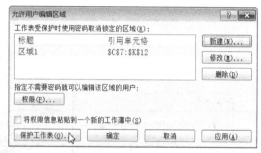

图 7-49　单击【保护工作表】

（5）随即弹出【保护工作表】对话框，选中【保护工作表及锁定的单元格内容】复选框，在【取消工作表保护时使用的密码】文本框中输入密码"000"，在【允许此工作表的所有用户进行】列表框中选中【选定锁定单元格】和【选定未锁定的单元格】两个复选框，单击 ◯确定◯ 按钮，如图 7-50 所示。

（6）随即弹出【确认密码】对话框，在【重新输入密码】文本框中再次输入密码"000"，然后单击 ◯确定◯ 按钮。此时，当用户对单元格区域"C7:K12"中的数据进行编辑时，就会弹出【取消锁定区域】对话框，然后在【请输入密码以更改此单元格】文本框中输入正确的密码"123"，如图 7-51 所示。

图 7-50　编辑【保护工作表】对话框

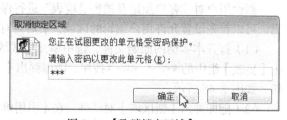

图 7-51　【取消锁定区域】

（7）单击 <kbd>确定</kbd> 按钮，即可对单元格区域"C7:K12"中的数据进行编辑。如果用户对工作表中的单元格区域"C7:K12"以外的区域进行编辑，例如，要修改单元格 E3 中的数值，则会弹出【Microsoft Excel】提示对话框，提示用户需要撤消对工作表的保护，如图 7-52 所示。

（8）单击 <kbd>确定</kbd> 按钮，返回工作表中，然后单击【更改】组中的 按钮，随即弹出【撤消工作表保护】对话框，在【密码】文本框中输入密码"000"，单击 <kbd>确定</kbd> 按钮即可对工作表进行编辑，如图 7-53 所示。

图 7-52　提示用户需要撤销工作表

图 7-53　【撤销作表保护】对话框

2. 保护客户预定及销售进度表工作簿

为了避免其他用户在"客户预定及销售进度表"工作簿中对某个工作表进行编辑，可以对整个工作簿进行保护。具体的操作步骤如下。

（1）单击【更改】组中的 按钮，随即弹出【保护结构和窗口】对话框，在【保护工作簿】组合框中选中【结构】复选框，在【密码（可选）】文本框中输入密码"111"，然后单击 <kbd>确定</kbd> 按钮，如图 7-54 所示。

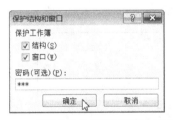

图 7-54　编辑【保护结构和窗口】对话框

（2）随即弹出【确认密码】对话框，在【重新输入密码】文本框中再次输入密码"111"，如图 7-55 所示。

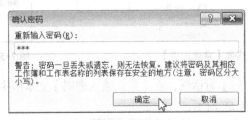

图 7-55　确认密码

（3）单击 <kbd>确定</kbd> 按钮，返回工作表，此时在某个工作表标签上单击鼠标右键，在弹出的快捷菜单中可以看到某些操作命令是不可用的，如图 7-56 所示。

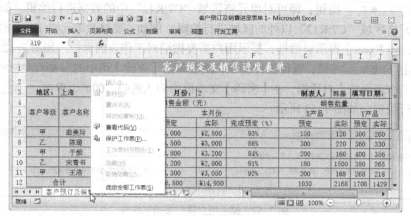

图 7-56　保护工作簿后某些操作命令不可用

3. 设置打开工作簿时加密

当工作簿中的信息比较重要，不希望他人打开时，可以设置打开工作簿时加密。具体的操作步骤如下。

（1）单击 文件 按钮，从弹出的下拉菜单中选择【另存为】菜单项，弹出【另存为】对话框，选择合适的存放文件的位置，然后单击 工具(L) ▼ 按钮，在弹出的下拉列表中选择【常规选项】选项。如图 7-57 所示。

（2）随即弹出【常规选项】对话框，在【文件共享】组合框中的【打开权限密码】文本框中输入密码"123456"，然后单击 确定 按钮。如图 7-58 所示。

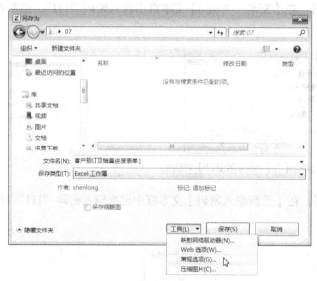

图 7-57　选择【常规选项】

图 7-58　输入【打开权限密码】

（3）随即弹出【确认密码】对话框，在【重新输入密码】文本框中再次输入密码"123456"，单击 确定 按钮。如图 7-59 所示。

（4）返回【另存为】对话框中，然后单击 保存(S) 按钮。关闭"客户预定及销售进度表单 1"工作簿，当用户再次打开该工作簿时，就会弹出【密码】对话框，在【密码】文本框中输入正确的密码"123456"，单击 确定 按钮即可进入该工作簿。如图 7-60 所示。

（5）如果要取消打开工作簿时输入密码，可以按照上面介绍的方法打开【常规选项】对话框，删除【文件共享】组合框中的【打开权限密码】文本框中的密码，然后单击  按钮返回
【另存为】对话框，保存即可。

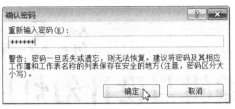

图 7-59 确认密码　　　　　　　　　　　　　　图 7-60 【密码】对话框

练 兵 场

一、打开【习题】文件夹中的表格文件："练习题/原始文件/07/【客户订购详单】"，并按以
下要求进行设置。

1. 切换到"客户订购详单"工作表，并利用公式计算出"金额"列的数值（金额=订购数量
*单价）。

2. 切换到"会员等级表"工作表，根据会员的等级，利用函数公式计算出"折扣率"列的数
值，等级 A 为"85%"，等级 B 为"90%"。

3. 利用 VLOOKUP 函数在"客户订购详单"工作表中的"会员等级"列中返回"会员等级
表"中的会员等级信息。

4. 将"单价"、"金额"、"上期欠款"等列中的数值变为货币形式，保留两位小数点。

（最终效果见："练习题/最终效果/07/【客户订购详单】"）

二、打开【习题】文件夹中的表格文件"练习题/原始文件/07/【客户订购详单 1 】"，并按以
下要求进行设置。

1. 切换到"客户订购详单"工作表，利用函数公式计算出"折后金额"列的数值（折后
金额=金额*折扣率）。

2. 使用合并计算的功能计算出"实际金额"列的数值（实际金额=折后金额+上期欠款）。

3. 利用"高级筛选"功能，筛选出符合条件的项目，条件区域为"A15：B16"，将筛选结果
复制到单元格区域"A8：H18"中。

（最终效果见："练习题/最终效果/07/【客户订购详单 1 】"）

第8章
编辑与设计幻灯片

　　PowerPoint 2010 是现代日常办公中经常用到的一种制作演示文稿的软件，可用于介绍新产品、方案企划、教学演讲以及汇报工作等。本章首先介绍如何创建和编辑演示文稿；如何插入新幻灯片，以及对幻灯片进行美化设置。

8.1　员工培训与人才开发

📖 **实例目标**

　　以往对员工进行培训时，大都采用单纯的课堂式讲解方法。在信息快速发展的背景下，这种传统的讲解方式已不能满足新时代的工作需要。如何把课堂式讲解变得轻松有趣，是培训时首先要考虑的问题之一。利用 PowerPoint 2010 不仅可以使工作变得轻松简单、生动有趣、省时省力，而且可以使员工的技能水平得到进一步的提升。

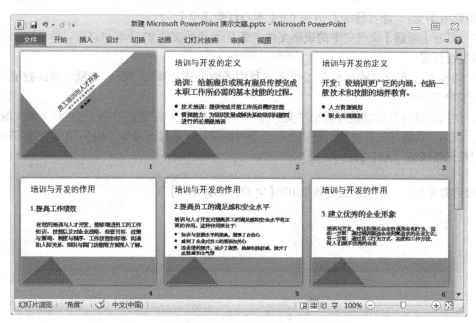

图 8-1　员工培训与人才开发演示文稿最终效果

实例解析

本例在制作之前，可以从以下几个方面进行分析和资料准备。

（1）**确定员工培训与人才开发演示文稿的内容**。员工培训与人才开发演示文稿中应该包含标题首页、培训与开发的定义、培训与开发的作用、学习原则的应用等情况。

（2）**制作员工培训与人才开发演示文稿**。制作员工培训与人才开发演示文稿首先要创建一张空白的演示文稿，并选择版式和设置主题；然后输入标题和内容设置，接着复制多个相同格式的演示文稿并进行设置。

综上所述，本例的制作思路如图 8-2 所示，涉及的知识点有创建空白演示文稿、更改版式、设置主题、输入内容、插入新演示文稿、复制、移动和删除演示文稿等。

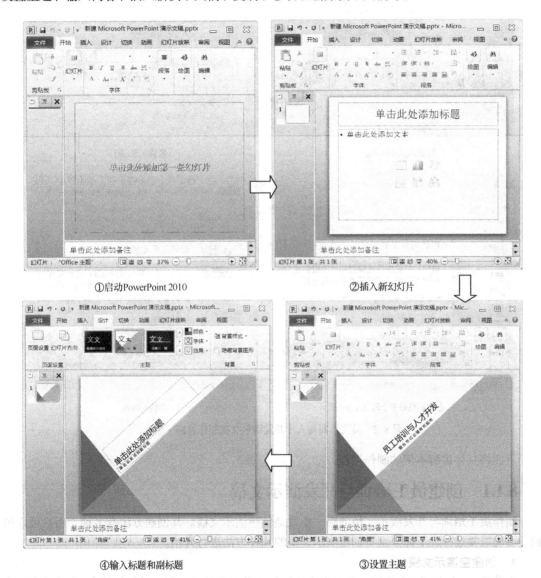

图 8-2　员工培训与人才开发演示文稿制作思路

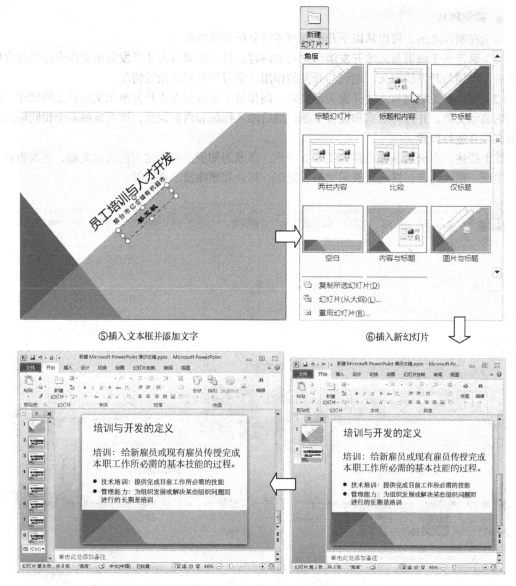

⑤插入文本框并添加文字　　　　　　　　　　⑥插入新幻灯片

⑧复制粘贴多个幻灯片并设置　　　　　　　　⑦输入内容

图 8-2　员工培训与人才开发演示文稿制作思路（续）

下面将具体讲解本例的制作过程。

8.1.1　创建员工培训与开发演示文稿

制作员工培训与开发演示文稿的第一步就是创建演示文稿。其创建方法有多种，用户可以根据自己的需要选择。下面分别对创建演示文稿的几种方法进行介绍。

1．创建空演示文稿

启动 PowerPoint 2010 之后，单击中央位置的【单击此处添加第一条幻灯片】，系统就会生成一张空白的演示文稿。

此外，用户也可切换到【开始】选项卡，单击【幻灯片】组中的【新建幻灯片】按钮的上半部分按钮 。

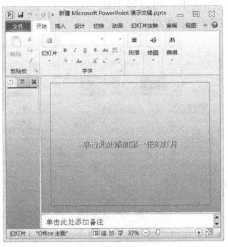

图 8-3　启动 PowerPoint 2010 初始界面　　　图 8-4　系统产生的空白演示文稿

2. 根据设计模板创建演示文稿

用户还可以根据系统提供的模板来创建演示文稿。

切换到【开始】选项卡，单击【幻灯片】组中的【新建幻灯片】按钮的下半部分按钮 ^{新建}幻灯片，在下拉菜单中选择一种合适的版式。

8.1.2　更改版式和主题

如果不需要系统自动生成的版式，用户可根据自身的需要更改幻灯片的版式。使用系统提供的多种主题，可简单快捷地使幻灯片变得更加美观。

1. 更改版式

在幻灯片左侧的幻灯片栏中单击选中要更改主题的幻灯片，切换到【开始】选项卡，单击【幻灯片】组中的 版式 按钮，在下拉菜单中选择一种合适的版式，如图 8-5 和图 8-6 所示。

图 8-5　选择主题　　　　　　　　图 8-6　幻灯片版式更改

2. 设置主题

切换到【设计】选项卡，在【主题】组中选择一种合适的主题。对于同一个主题，不同的版式主题的显示效果也有所不同。当鼠标移动至主题的图例上，可以显示该主题对于当前版式的预览效果。图 8-7 和图 8-8 为同一主题下两种不同版式的显示效果。

图 8-7 "标题和内容"版式（一）

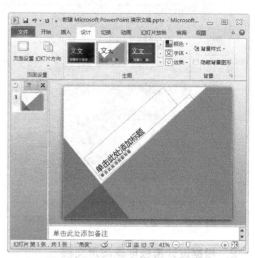

图 8-8 "标题和内容"版式（二）

8.1.3 输入演示文稿内容

接下来需要向演示文稿中输入内容，主要有两种方法：使用占位符输入和使用文本框输入。

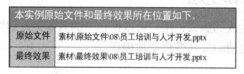

本实例原始文件和最终效果所在位置如下。	
原始文件	素材\原始文件\08\员工培训与人才开发.pptx
最终效果	素材\最终效果\08\员工培训与人才开发.pptx

1. 使用占位符输入文本

（1）打开本实例的原始文件，在提示"单击此处添加标题"占位符文本框中输入"员工培训与人才开发"文字，然后在【格式】工具栏中将字号设置为合适大小，单击【居中】按钮 ▤。

（2）在提示"单击此处添加副标题"占位符文本框中输入"烟台市亿企链有机超市"文字，然后设置字体格式。

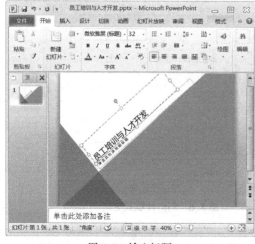

图 8-9 输入标题

图 8-10 输入副标题

2. 使用文本框输入文本

如果想在文本框以外的区域输入文本内容，可以使用插入文本框的方法。具体的操作步骤如下。

（1）切换到【插入】选项卡，单击【文本】组中的文本框按钮的上半部分按钮 ᴬ。

（2）在"烟台市亿企链有机超市"占位符的下面绘制一个大小合适的横排文本框，然后将鼠标移动到文本框上方的绿色旋转钮上，按住鼠标左键向左拖动将其旋转至合适角度，然后释放鼠标左键。

（3）在文本框中输入"姜玉敏"，接着切换到【开始】选项卡，在【字体】组中设置字号大小，并将文本框调整到合适的位置。

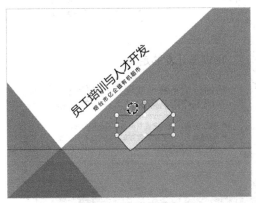

图 8-11　旋转文本框

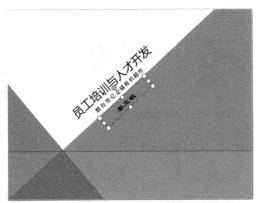

图 8-12　在文本框中添加文字并设置

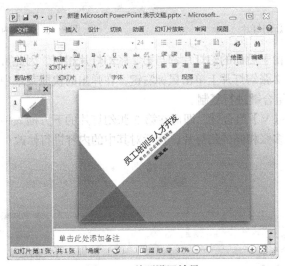

图 8-13　首页设置效果

8.1.4　插入、复制与移动幻灯片

上一小节中，已经创建好了一个标题幻灯片，下面我们要学习在演示文稿中添加、复制与移动幻灯片，这些操作在编辑演示文稿时经常使用。

本实例原始文件和最终效果所在位置如下。	
原始文件	光盘\素材\原始文件\08\员工培训与人才开发 1.pptx
最终效果	光盘\素材\最终效果\08\员工培训与人才开发 1.pptx

（1）插入幻灯片。可以直接按下【Ctrl】+【M】组合键，或者切换到【开始】选项卡，单击【幻灯片】组中的【新建幻灯片】按钮的上半部分按钮 。系统会插入一个默认版式的幻灯片。单击【新建幻灯片】按钮下半部分按钮 新建幻灯片，则可以从下拉列表中选择自己想要的版式并插入，如图 8-14 所示。

（2）插入新幻灯片后，按照前面介绍的方法在该幻灯片中输入相关内容，并对其进行字体格式设置，如图 8-15 所示。

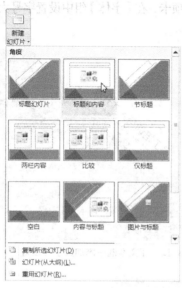

图 8-14　插入新幻灯片

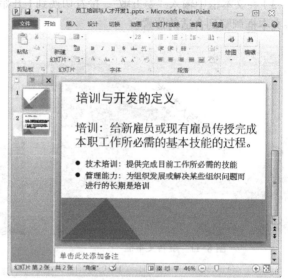

图 8-15　输入内容

（3）复制幻灯片。由于后面的幻灯片都与第 2 张幻灯片相似，因此可以使用复制粘贴的方法创建多张幻灯片。在第 2 张幻灯片上单击鼠标右键，在弹出的快捷菜单中选择【复制】菜单项。也可按【Ctrl】+【C】组合键进行复制。

（4）按下【Ctrl】+【V】组合键，即可在第 2 张幻灯片的下方插入一个相同的幻灯片。按照同样的方法，即可插入多张相同的幻灯片，然后对其中的内容进行修改。

图 8-16　复制幻灯片

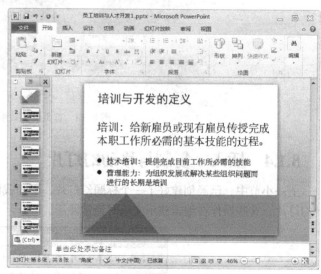

图 8-17　粘贴多个幻灯片

在复制幻灯片时，可以在左侧的【幻灯片】选项卡中使用【Shift】键选中多张幻灯片，然后执行"复制粘贴"命令，即可一次性添加若干张幻灯片。

（5）移动幻灯片。例如，这里要将第 7 张幻灯片与第 8 张幻灯片的位置进行调换。选中第 8 张幻灯片，按住鼠标不放将其移动到第 7 张幻灯片的上方，然后释放即可。

图 8-18 移动幻灯片

8.2 制作课件——跟我学唐诗

本实例原始文件和最终效果所在位置如下。	
原始文件	无
最终效果	素材\最终效果\08\跟我学唐诗.pptx

📖 实例目标

如今，电脑教学已被广泛使用。一份好的课件，不仅能提高学生的学习兴趣和学习效率，而且省去了很多书写的麻烦，简单高效，本例将为大家介绍如何简单快速地制作出一份精美的课件。

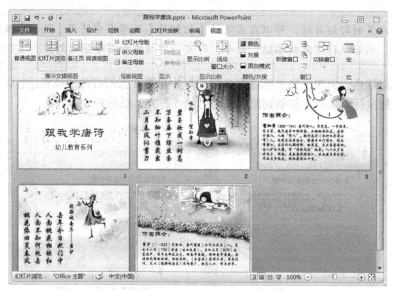

图 8-19 "课件——跟我学唐诗"最终效果

♪ 实例解析

本例在制作之前，可以从以下两方面进行分析和资料准备。

（1）**确定"课件——跟我学唐诗"的内容**。"课件——跟我学唐诗"的内容很简单，包括首页及标题、唐诗内容和作者简介三部分。

（2）**查找所需资料及素材**。制作"课件——跟我学唐诗"需要用到多种背景素材，还有诗词的内容及作者简介，最简便的方法是上网查找，也可通过其他途径获得。

（3）**制作"课件——跟我学唐诗"**。制作"课件——跟我学唐诗"首先要设置课件的封面，接着插入多个幻灯片编辑其内容，最后进行美化便可。

综上所述，本例的制作思路如图 8-20 所示，涉及的知识点有新建幻灯片，插入背景图片、绘制竖排文本框、设置字体格式及文本框形状效果、组合文本框等。

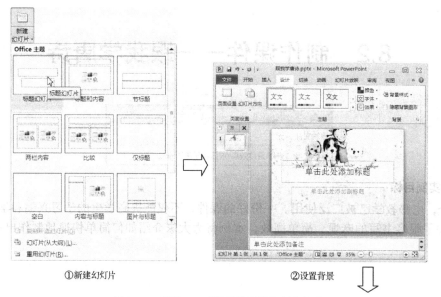

①新建幻灯片　　　　　　　　　　　　②设置背景

图 8-20 课件——"跟我学唐诗"制作思路

④绘制文本框并输入内容

③输入标题并设置

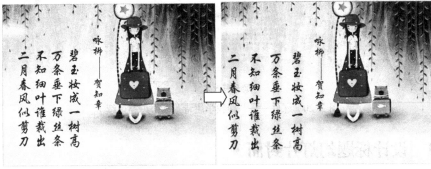

⑤设置字体格式

⑥设置单元格形状样式

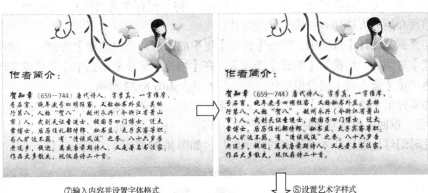

⑦输入内容并设置字体格式

⑧设置艺术字样式

⑨复制幻灯片并更改内容

图 8-20 课件——"跟我学唐诗"制作思路（续）

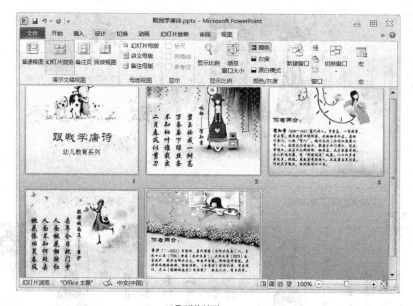

⑩预览效果

图 8-20　课件——"跟我学唐诗"制作思路（续）

8.2.1　设计标题幻灯片封面

1. 新建幻灯片并插入背景图片

（1）新建演示文稿并将其命名为"跟我学唐诗"，将其保存在适当位置。切换到【开始】选项卡，按照前面介绍的方法插入一张标题幻灯片。

（2）切换到【设计】选项卡，单击【背景】组中的【对话框启动器】按钮🔲，随即弹出【设置背景格式】对话框，切换到【填充】选项卡，在【填充】组合框中选中【图片或纹理填充】单选钮，然后单击【插入自】组合框中的 [文件(F)...] 按钮，如图 8-22 所示。

（3）随即弹出【插入图片】对话框。找到素材所在文件夹，这里选择图片"6286.jpg"，单击 [插入(S) ▼]按钮，返回【设置背景格式】对话框，单击 [关闭] 按钮。

（4）此时幻灯片中已插入了选中的背景图片，如图 8-24 所示。

图 8-21　插入新幻灯片

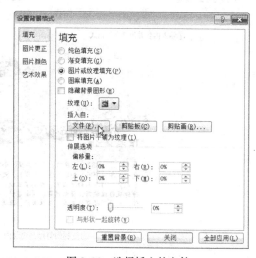

图 8-22　选择插入的文件

图 8-23　选择图片

图 8-24　背景设置效果

2．设置幻灯片标题

（1）鼠标单击【单击此处添加标题】，输入"跟我学唐诗"，在副标题处输入"幼儿教育系列"。

（2）设置字体格式。字体格式可在【开始】选项卡中的【字体】组设置，这里设置为：主标题【华文隶书】、【80】号；副标题【宋体】、【40】号。在【字体颜色】下拉菜单中选择合适的颜色。

图 8-25　输入标题

图 8-26　设置标题字体格式并调整文本框

8.2.2　设置幻灯片正文

1．绘制文本框并输入内容

（1）插入一张空白版式的幻灯片，按照前面介绍的方法插入一张背景图片。

（2）切换到【插入】选项卡，单击【文本】组中的【文本框】按钮的下半部分按钮，在下拉列表中选择 垂直文本框(V) 选项，在合适的位置绘制一个竖排文本框，并输入诗词名称及内容。

图 8-27　选择背景图片

图 8-28　绘制竖排文本框并输入内容

（3）绘制其他文本框并输入内容。

（4）设置字体格式。这里题目和作者设置为【36】号【方正行楷简体】，诗词内容设置为【48】号【方正行楷简体】。

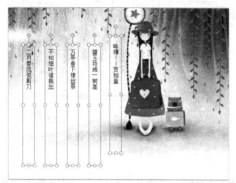

图8-29　绘制其他文本框并输入内容

图8-30　设置字体格式并调整文本框

提示

在幻灯片中绘制文本框时，系统默认为无形状格式，如果绘制完一个文本框后不输入内容接着绘制另一个，则上一个未输入内容的文本框便会消失。如果想先绘制多个文本框然后一起输入内容，可以先在文本框中输入一点内容，然后用复制粘贴的方式插入其他文本框，最后更改内容便可。

2．设置文本框形状样式

（1）设置填充颜色。按住【Ctrl】键，连续选中绘制的 5 个文本框，切换到【绘图工具】栏中的【格式】选项卡，单击【形状样式】组中的 [形状填充] 按钮右侧的下箭头按钮 。

（2）自定义填充颜色。在下拉列表中选择【其他填充颜色】选项，随即弹出【颜色】对话框，切换到【标准】选项卡，选择一种合适的颜色，在下方的【透明度】微调框中将透明度设置为"59%"，然后单击 [确定] 按钮。

（3）设置形状效果。单击【形状样式】组中的 [形状效果] 按钮，在下拉菜单中选择【柔滑边缘】，在弹出的联级菜单中选择【25磅】选项。

（4）文本框形状样式设置效果如图8-32所示。

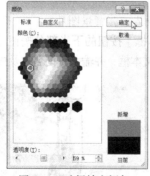

图8-31　选择填充颜色

图8-32　文本框形状样式设置效果

3．组合文本框

将多个文本框组合成一个整体，可以方便地整体移动位置、调节大小、设置形状样式等。

按住【Ctrl】键，连续选中要组合的文本框，在边框位置上单击鼠标右键，在弹出的快捷菜单中选择【组合】，在弹出的级联菜单中选择【组合】选项。

如果要取消组合，在边框上单击鼠标右键，选择【组合】，在弹出的级联菜单中选择【取消组合】选项即可。

图 8-33　选择组合文本框

图 8-34　文本框组合成一个整体

图 8-35　编辑新幻灯片内容

4．设置艺术字样式

（1）新建一张空白幻灯片并插入背景图片。

（2）绘制一个横排文本框并输入"作者简介"的内容，设置字体颜色。

（3）选中文本框，切换到【绘图工具】栏中的【格式】选项卡，单击【艺术字样式】组中的【文字效果】按钮 A·，在下拉列表中选择【发光】，在弹出的联级菜单中选择一种合适的发光样式。

（4）发光设置效果如图 8-37 所示。

图 8-36　选择发光样式

图 8-37　发光字设置效果

5. 复制幻灯片并设置

由于后面一首诗的两张幻灯片与第一首格式相同，所以将其复制然后粘贴成两张新幻灯片，更改其背景、内容和颜色即可。

第二首诗设置效果如图 8-38 所示，最终效果见正文 270 页，图 8-19。

图 8-38　第二首诗词设置效果

练 兵 场

一、打开【习题】文件夹中的、PPT 文件："练习题/原始文件/08/【水晶饰品展】"，并按以下要求进行设置。

1. 切换到第 1 张幻灯片，在标题文本框中输入"水晶饰品展"并将其设置为【方正北魏楷书简体】、【54】号、【淡紫】，字符间距为【15】磅。

2. 将文本框宽度调整为【24.14】厘米，然后将其向下移动到中间合适的位置，并将其向左旋转6°。

3. 将后面的 5 张幻灯片的标题字体均设置为【66】号、【深紫】，并添加项目符号"带填充效果的钻石形项目符号"。

4. 将第 6 张幻灯片移至第 4 张的位置。

（最终效果见："练习题/最终效果/08/【水晶饰品展】"）

　　二、打开【习题】文件夹中的表格文件"练习题/原始文件/08/【水晶饰品展1】",并按以下要求进行设置。

　　1. 将后面的5张幻灯片的"主要功能"文本设置为【华文彩云】、【26】号、【深紫】;其他文本设置为【方正北魏书简体】、【22】号、【深紫】,并调整文本框至合适的大小。

　　2. 将后面的5张幻灯片的文本框填充为【淡紫】,并设置发光样式为【深紫】、【18】磅、透明度【45%】。

　　3. 为第4张幻灯片设置阴影效果为【左上对角透视】。

　　4. 在最后插入一张仅标题幻灯片,在占位符中输入"谢谢",字体设置与首张标题相同(可使用格式刷),并将其移动至中部合适的位置。

（最终效果见:"练习题/最终效果/08/【水晶饰品展1】"）

第9章
动画方案与放映

动画与放映是 PowerPoint 的精髓，本章通过典型实例介绍幻灯片动画的制作方法以及放映方式。

9.1　制作产品销售推广方案

本实例原始文件和最终效果所在位置如下。	
原始文件	无
最终效果	素材\最终效果\09\产品销售推广方案.pptx

📖 实例目标

企业要将某种刚刚研究出的产品推行上市，首先需要制定一系列的推广方案。本节使用 PowerPoint 制作一个简单的化妆品销售推广方案演示文稿，可以使消费者在产品即将上市之前预先了解产品的相关信息。

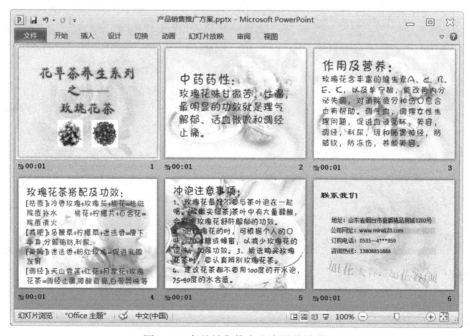

图 9-1　产品销售推广方案最终效果

♪ **实例解析**

本例在制作之前，可以从以下几个方面进行分析和资料准备。

（1）确定产品销售推广方案的内容。产品销售推广方案中应该包含标题及产品名称、产品介绍和联系方式等情况。

（2）制作产品销售推广方案。制作产品销售推广方案首先要设计母版背景，然后输入标题及内容并进行设置，最后设置放映方案。

综上所述，本例的制作思路如图 9-2 所示，涉及的知识点有设计母版背景、插入艺术字、插入图片、设置切换方式及自定义动画等。

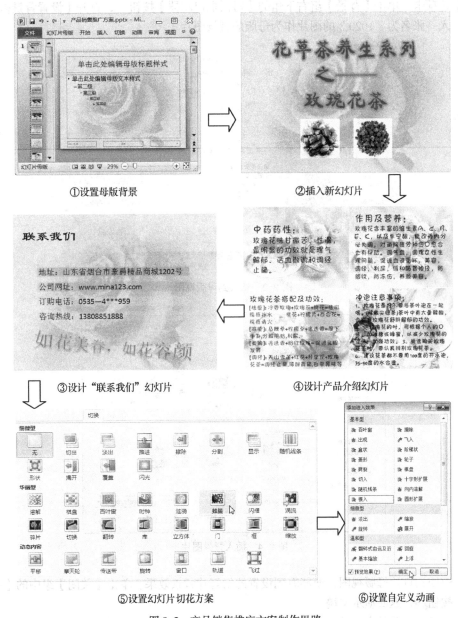

①设置母版背景　　　　　　　　②插入新幻灯片

③设计"联系我们"幻灯片　　　　④设计产品介绍幻灯片

⑤设置幻灯片切花方案　　　　　　⑥设置自定义动画

图 9-2　产品销售推广方案制作思路

下面将具体讲解本例的制作过程。

9.1.1 制作产品销售推广方案母版

在设计演示文稿的过程中，创建母版幻灯片可以统一整个演示文稿的幻灯片格式，并且能够快速简便地制作出演示文稿。利用母版可以修改演示文稿中的所有幻灯片格式。下面建立产品销售推广方案母版。

1. 设置幻灯片母版背景

（1）新建一个演示文稿并将其重命名为"产品销售推广方案"。

（2）切换到【视图】选项卡，单击【母版视图】组中的 幻灯片母版 按钮，随即切换到【幻灯片母版】选项卡，单击【背景】组右下角的【对话框启动器】按钮，打开【设置背景格式】对话框，插入一张名为"1020"的图片作为母版的背景图片。

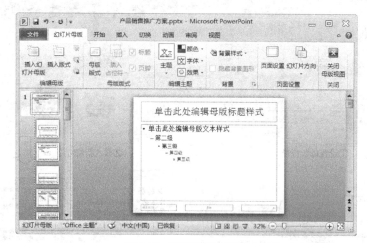

图 9-3 切换到母版视图

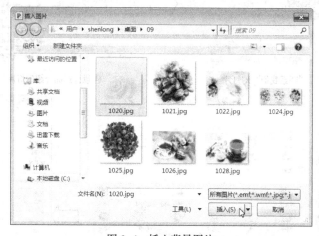

图 9-4 插入背景图片

（3）返回幻灯片母版视图，便能看到设置的幻灯片背景效果。单击【关闭】组中的【关闭模板视图】按钮，返回演示文稿。

（4）切换到【开始】选项卡，单击【幻灯片】组中的【幻灯片版式】按钮，在下拉列表中选择【空白】版式。

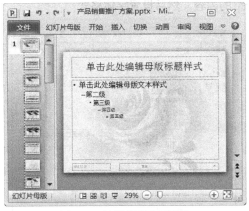

图 9-5　母版背景设置效果

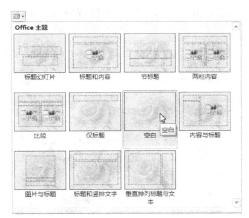

图 9-6　设置幻灯片版式

2．插入艺术字及图片

（1）插入艺术字。切换到【插入】选项卡，单击【文本】组中的【艺术字】按钮，在下拉列表中选择一种合适的艺术字样式。然后在弹出的文本框中输入演示文稿的标题。

（2）单击【艺术字样式】组中的【文本填充】按钮，在下拉列表中选择一种合适的颜色。单击【艺术字样式】组中的【文字效果】按钮，在下拉列表中选择【发光】，在弹出的联级菜单中选择一种合适的发光样式。

（3）插入图片。切换到【插入】选项卡，单击【图像】组中的【图片】按钮，插入两张名为"1021"和"1025"的图片，并将其调整到合适的大小和位置。

（4）标题页设置效果如图 9-8 所示。

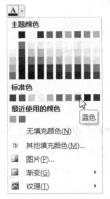

图 9-7　设置艺术字样式

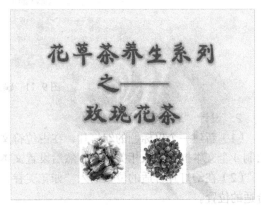

图 9-8　标题页设置效果

提示

　　插入艺术字后，如果对艺术字的样式不满意，可以选中插入的艺术字，然后单击【艺术字样式】组中的【快速样式】按钮，在下拉菜单中选择其他的样式。

9.1.2　设计产品推广方案内容

1．设计产品简介

（1）插入一张新幻灯片并设置背景。如果背景颜色太深，可设置其透明度。按照前面介绍的方法打开【设置背景格式】对话框，在【透明度】微调框中设置相应的百分比，数值越大，则图片透明度越高。

（2）插入其他幻灯片并设置背景和输入产品介绍的内容，然后设置字体格式。

图 9-9　新建幻灯片并设置背景

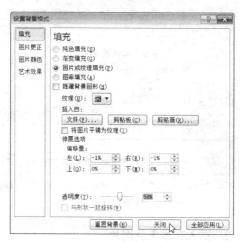

图 9-10　设置背景透明度

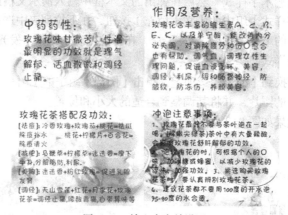

图 9-11　输入内容并设置

2. 设计"联系我们"幻灯片

（1）新建一个仅标题的幻灯片，在占位符文本框中输入"联系我们"文本。接着在幻灯片中绘制4个文本框并输入相关内容，然后设置文本框形状样式并将4个文本框组合起来。

（2）在幻灯片合适的位置插入"如花美眷，如花容颜"艺术字，然后对其进行设置并移动到合适的位置。

图 9-12　输入内容并设置

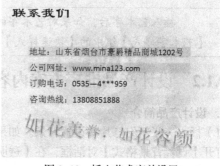

图 9-13　插入艺术字并设置

9.1.3 设置动画

1. 设置幻灯片切换方式

（1）切换到【切换】选项卡，在【切换到此幻灯片】组中选择一种切换方案，或单击右下角【其他】按钮 ，在弹出的下拉列表中选择一种切换方案。

（2）单击【计时】组中的 全部应用 按钮，此方案便应用到了所有幻灯片中。此时，左侧窗格中的幻灯片编号的下面会出现" "图标，表示该幻灯片设置了动画效果。

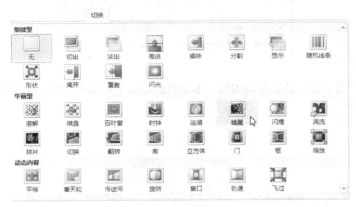

图 9-14　选择切换方案

2. 设置自定义动画

（1）选中第一张幻灯片的文本框，切换到【动画】选项卡，单击【高级动画】组中的【添加动画】按钮 ，在下拉列表中选择【更多进入效果】选项，随即弹出【添加进入效果】对话框。选择一种合适的动画效果，单击 确定 按钮即可，如图 9-15 所示。

（2）通过调节【计时】组中 持续时间: 微调框中的数据可改变动画放映的快慢。

（3）将第一张幻灯片中的两张图片添加【形状】动画效果。在【计时】组的 开始: 下拉列表中选择【上一动画之后】选项，在 延迟: 微调框中输入 "00.25"。

（4）按照上面介绍的方法设置其他幻灯片的动画效果。

图 9-15　设置动画效果

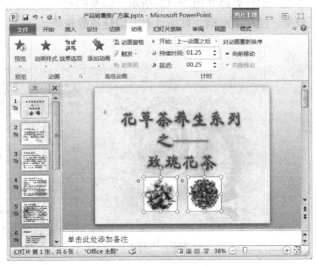

图 9-16　自定义动画设置效果

9.2 设计课件——"跟我学唐诗" 自定义动画及放映

本实例原始文件和最终效果所在位置如下。	
原始文件	素材\原始文件\07\跟我学唐诗.pptx
最终效果	素材\最终效果\07\跟我学唐诗.pptx

📖 **实例目标**

上一章我们学习了课件的制作与编辑，本章我们继续上一章的内容，为您介绍设计幻灯片的自定义动画及放映方式。

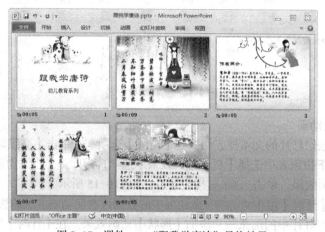

图 9-17 课件——"跟我学唐诗"最终效果

🎵 **实例解析**

本例的制作思路如图 9-18 所示，涉及的知识点有添加自定义动画、切换和删除动画、设置动画效果、使用动画刷、排练计时、幻灯片放映等。

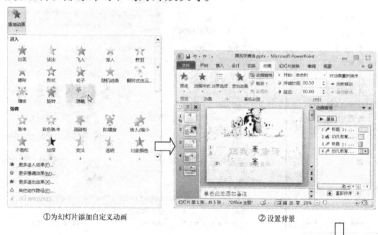

①为幻灯片添加自定义动画   ②设置背景

图 9-18 课件——"跟我学唐诗"制作思路

④设置放映方式及排练计时　　　　　③输入标题并设置

图 9-18　课件——"跟我学唐诗"制作思路（续）

9.2.1　设计动画效果

1．添加自定义动画

（1）选中第一张幻灯片的标题文本框，切换到【动画】选项卡，单击【高级动画】组中的【添加动画】按钮★，添加一种动画效果。用同样的方法为副标题添加动画效果。

（2）单击【高级动画】组中的【动画窗格】按钮 动画窗格，随即在幻灯片右侧弹出动画窗格，显示出所添加的所有动画及顺序。单击【预览】组中的【预览】按钮★，可预览当前页的动画设置效果。

2．切换，删除动画及设置效果选项

（1）切换动画顺序。将鼠标移动到动画窗格中的某个动画标题上，按住鼠标左键，拖动到想要的位置即可，如图 9-22 所示。也可通过单击动画窗格下方的上移按钮▲和下移按钮▼来切换动画的顺序。

（2）删除自定义动画。在动画窗格选中要删除的动画，按下【Delete】键即可。也可在动画标题上单击鼠标右键，在下拉菜单中选择【删除】选项。

图 9-19　添加动画"弹跳"

图 9-20　添加动画"翻转式由远及近"

图 9-21　显示动画窗格

（3）编辑动画效果。选中设置的四个自定义动画，在上面单击鼠标右键，在弹出的快捷菜单中选择【效果选项】菜单项，如图 9-23 所示。

（4）随即弹出【效果选项】对话框，切换到【计时】选项卡，在【开始】下拉列表中选择【上一动画之后】选项。此时设置的效果可以使多个动画连续自动播放，无需鼠标单击，如图 9-24 所示。

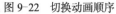

图 9-22　切换动画顺序

图 9-23　选择"效果选项"

图 9-24　编辑"效果选项"对话框

（5）使用动画刷。选中第二张幻灯片中的组合文本框，为其添加"玩具风车"的动画效果，然后切换到【动画】选项卡，单击【高级动画】组中的【动画刷】按钮 ᴽ 动画刷。切换到第四张幻灯片文本框，在组合文本框上单击鼠标左键，此时，该文本框就套用了第二张幻灯片文本框的动画效果。

图 9-25　添加进入效果

图 9-26　使用动画刷

9.2.2　排练计时及幻灯片放映

幻灯片放映过程中，需要适当的时间供演示者充分表达自己的思想，从而使观众领会该幻灯片所要表达的内容。利用 PowerPoint 的排练计时功能，演示者可在准备演示文稿的同时，通过排练为每张幻灯片确定适当的放映时间。

1. 排练计时

（1）切换到【幻灯片放映】选项卡，单击【设置】组中的 排练计时 按钮，此时系统便切换到放映状态并开始计时，在左上角出现【录制】工具栏。

（2）演示者可根据实际需要模拟演讲的时间和节奏，放映结束后，会弹出是否要求保留排练时间的对话框，单击 是(Y) ，回到幻灯片浏览视图，此时在每张幻灯片下方都显示出了播放该幻灯片所用的时间。双击某张幻灯片可切换到普通视图。

图 9-27　系统提示对话框

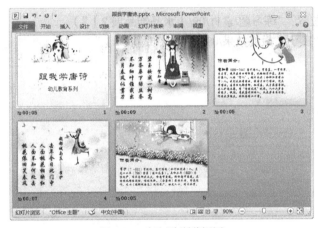

图 9-28　幻灯片浏览视图

2. 幻灯片放映

切换到【幻灯片放映】选项卡，单击【开始放映幻灯片】组中的【从头开始】按钮 ，或者单击窗口下方的【幻灯片放映】按钮 ，即可开始放映幻灯片。

图 9-29　幻灯片放映

练 兵 场

打开【习题】文件夹中的表格文件："练习题/原始文件/09/【水晶饰品展 2】"，并按以下要求进行设置。

1. 切换到第 6 张幻灯片，插入一张名为"001"的图片，将其调整到合适的大小，并移动到左侧空白位置。

2. 切换到第 1 张幻灯片，为标题文本添加"扩展式由远及近"的进入效果，播放动画的时间设置为"与上一动画同时"，持续时间微调为"01.75"。

3. 为标题文本添加"补色"的强调效果，播放时间设置为"上一动画之后"；持续时间为"01.00"。

4. 切换到第 2 张幻灯片，为标题文本添加"旋转"的进入效果，播放时间设置为"与上一动画同时"；为图片添加"轮子"的进入效果，播放时间为"上一动画之后"。为文本框及文本添加"擦出"的进入效果，方向为"自底部"；播放时间为"单击时"。

5. 将第 3～6 张幻灯片设置为与第 2 张相同的动画方案，将第 7 张幻灯片设置为与第一张幻灯片相同的动画方案（可使用动画刷）。

6. 在第 7 张幻灯片中插入艺术字"水晶之恋"，艺术字样式为"填充 - 绿色，强调文字颜色 1，金属棱台，映像"，然后将文本填充为"淡紫"，将其移动至右下角合适的位置。

7. 设置全部幻灯片切换效果为"闪耀"；换片方式为"鼠标单击时"。

8. 使用排练计时功能为幻灯片放映计时。

（素材文件所在位置："练习题/素材/09/【水晶饰品展 2】"）
（最终效果见："练习题/最终效果/09/【水晶饰品展 2】"）

第10章
电子邮件收发与管理

Office 软件中 Outlook 2010 是帮助您与他人保持联系的高级商用和个人电子邮件管理工具。可以代替邮箱快速地收发邮件，还可以用来记录联系人的详细信息。

10.1 创建 Outlook 账户

在使用 Outlook 收发电子邮件前，首先需要创建一个 Outlook 账户。

用户初次启动 Outlook 2010 时会弹出一个配置 Outlook 账户界面，直接根据向导的提示进行操作即可。

首次启动创建账户的具体步骤如下。

（1）第一次打开 Outlook 2010 时，会弹出【Microsoft Outlook 2010 启动】对话框，单击 下一步(N) > 按钮。

（2）弹出【账户配置】对话框，选中【是】单选钮，单击 下一步(N) > 按钮。

（3）弹出【添加新账户】对话框，根据系统的提示输入相应的电子邮件账户信息，单击 下一步(N) > 按钮。

（4）弹出【祝贺您】对话框，单击 完成 按钮，即可完成配置，弹出操作界面。

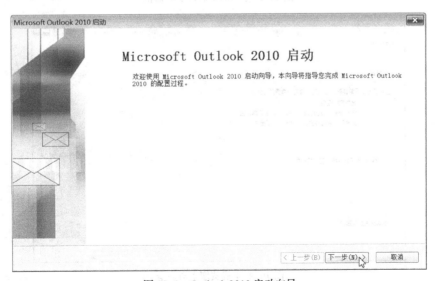

图 10-1　Outlook 2010 启动向导

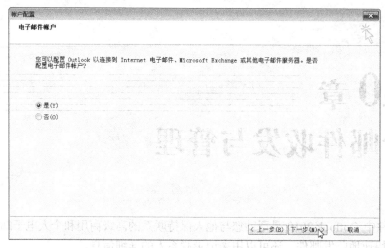

图 10-2 【账户配置】对话框

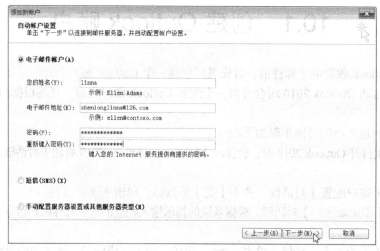

图 10-3 【添加新账户】对话框

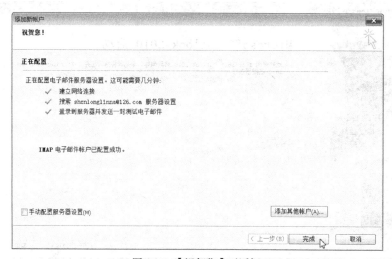

图 10-4 【祝贺您】对话框

图 10-5 Outlook 2010 操作界面

10.2 收发电子邮件

在 Outlook 中创建了自己的账户之后，用户就可以开始收发电子邮件了。

1. 发送电子邮件

在日常工作和生活中，用户经常需要撰写新的电子邮件发送给自己的朋友，本小节将介绍使用 Outlook 发送电子邮件的方法。

（1）切换到【开始】选项卡，单击【新建】组中的【新建电子邮件】按钮，随即弹出【未命名-邮件（HTML）】窗口。

（2）输入收件人邮箱地址、邮件主题和内容，然后单击【邮件】选项卡中的【添加】组中的 附加文件按钮。

图 10-6 【未命名-邮件】窗口

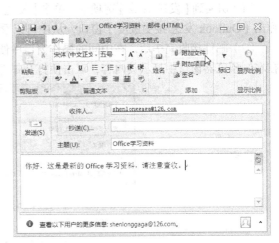

图 10-7 编辑邮件内容

（3）随即弹出【插入文件】对话框，找到要发送的文件，单击 插入(S) 按钮。

（4）返回邮件编辑窗口，此时【主题】文本框下方显示出新添加的【附件】文本框。单击【发送】按钮 发送(S)，即可发送邮件。

图 10-8　选择要插入的附件

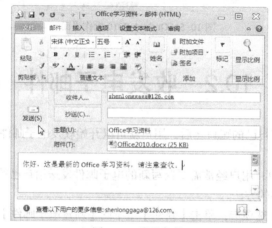

图 10-9　发送邮件

2. 接收邮件

除了发送电子邮件外，用户还可以使用 Outlook 接收电子邮件。

（1）切换到【发送/接收】选项卡，单击【发送和接受】组中的【发送/接收所有文件】按钮，弹出【Outlook 发送/接受进度】窗口，从中可以看到进度。

（2）邮件接收完毕后，在中间的操作窗口中便显示出刚接收的新邮件。鼠标左键单击邮件可在右侧预览器窗口中显示其内容，双击便打开邮件。

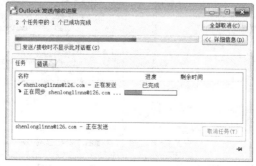

图 10-10　【Outlook 发送/接受】窗口

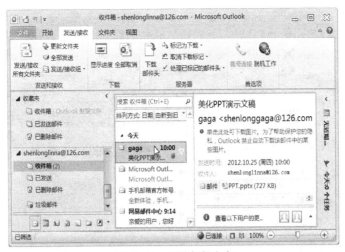

图 10-11 预览邮件内容

10.3 管理电子邮件

除了发送和接受电子邮件外，用户还可以对电子邮件进行管理，主要包括回复电子邮件、转发电子邮件和删除电子邮件等。

1. 回复电子邮件

（1）在操作窗口中选中要回复的电子邮件，切换到【开始】选项卡，单击【响应】组中的 答复按钮，随即弹出电子邮件答复窗口。

（2）从中输入要回复的内容，单击【发送】按钮 ，如图 10-12 所示，返回原邮件窗口，此时窗口中已显示出答复此邮件的时间，如图 10-13 所示。

图 10-12 答复电子邮件

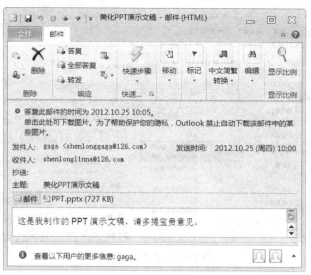

图 10-13　已答复邮件

2. 转发电子邮件

（1）在操作窗口中选中要转发的电子邮件，切换到【开始】选项卡，单击【响应】组中的
🔁转发按钮，随即弹出电子邮件转发窗口。

（2）输入收件人地址，在正文窗口中输入正文，输入完毕后单击【发送】按钮🖂即可。

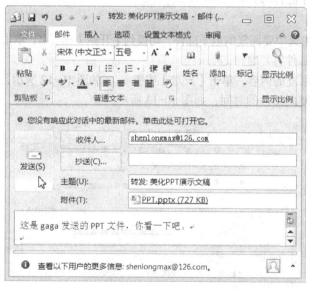

图 10-14　转发电子邮件

3. 删除电子邮件

（1）在操作窗口中选中要转发的电子邮件，切换到【开始】选项卡，单击【删除】组中的
【删除】按钮✕，此时邮件便从操作窗口中删除了。

（2）永久删除邮件。在左侧的导航窗格中单击所删除邮件所属账户展开列表中的【已删除邮
件】选项，然后在操作窗格口中，选中此邮件，单击【删除】组中的【删除】按钮✕，随即弹出
【Microsoft Outlook】提示对话框，单击 是(Y) 按钮，即可将此邮件永久删除。

图 10-15　删除邮件

图 10-16　邮件从操作窗口中被删除

图 10-17　永久删除邮件

图 10-18　【Microsoft Outlook】系统对话框

10.4 管理联系人

Outlook 中，有关管理联系人的各种操作，可以为用户带来便利。

1. 添加联系人

为了方便使用，用户可以添加经常发送电子邮件的联系人信息。

（1）启动 Outlook 2010 进入主操作界面，单击左侧导航窗格中的 联系人 按钮，切换到相应的操作窗口。

（2）编辑联系人。在左侧导航窗格中【我的联系人】展开列表中选择【建议的联系人】（收发过邮件的联系人都显示在此项目窗格中），在操作窗格中双击打开要编辑的联系人，在编辑联系人窗格中输入相关信息，输入完毕单击【保存并关闭】按钮 即可，如图 10-19 和图 10-20 所示。

图 10-19 选择联系人

图 10-20 编辑联系人信息

（3）移动联系人。在操作窗格中选中已编辑好的联系人名片，切换到【开始】选项卡，单击【动作】组中的 移动 按钮，在下拉列表中选择【复制到文件夹】选项，如图 10-21 所示，随即弹出【复制项目】对话框，在【将选定项目复制到文件夹】列表框中，选中【联系人】选项，单击 确定 按钮，即可将此联系人从【建议联系人】组中复制到【联系人】组中，如图 10-22 所示。

（4）添加不曾有业务往来的联系人。在【我的联系人】展开列表中选择【联系人】选项，切换到【开始】选项卡，单击 新建联系人 按钮，弹出编辑联系人窗口，编辑步骤同上。

图 10-21　复制和移动联系人

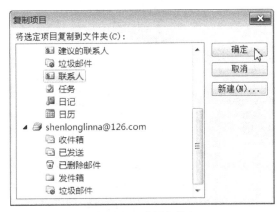

图 10-22　选择文件夹

2. 删除联系人

如果该联系人信息不再需要时，可以将其删除。

（1）在【联系人】窗口中选中要删除的联系人，切换到【开始】选项卡，单击【删除】组中的【删除】按钮 ✗ 即可。

（2）此时此联系人已从窗口中删除。

图 10-23　删除联系人

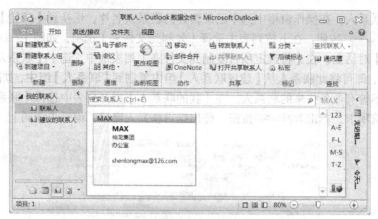

图 10-24　联系人已删除

　如果误删了联系人，单击窗口左上角快速访问工具栏中的【恢复】按钮 ，即可恢复误删的联系人信息。